這些機械太神奇！

圖解機械的日常運作

史提夫·馬丁　著

維普利·卡圖拉　繪

新雅文化事業有限公司
www.sunya.com.hk

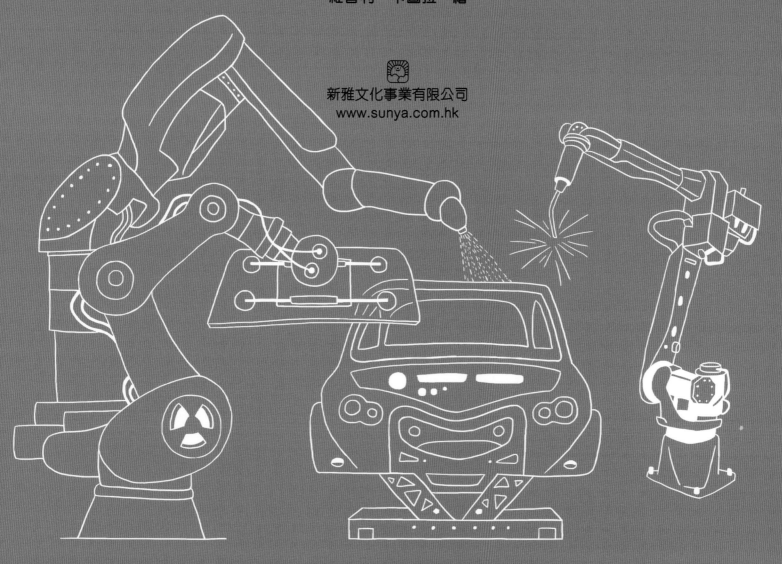

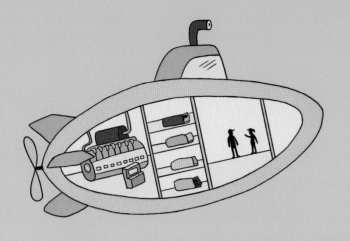
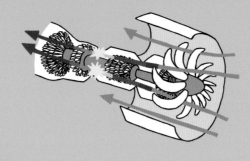

新雅・知識館

這些機械太神奇！圖解機械的日常運作

作者：史提夫・馬丁（Steve Martin）

插圖：維普利・卡圖拉（Valpuri Kerttula）

翻譯：羅睿琪

責任編輯：劉紀均

美術設計：蔡學彰

出版：新雅文化事業有限公司

香港英皇道499號北角工業大廈18樓

電話：(852) 2138 7998

傳真：(852) 2597 4003

網址：http://www.sunya.com.hk

電郵：marketing@sunya.com.hk

發行：香港聯合書刊物流有限公司

香港荃灣德士古道220-248號荃灣工業中心16樓

電話：(852) 2150 2100

傳真：(852) 2407 3062

電郵：info@suplogistics.com.hk

版次：二○二一年一月初版

混合產品
源自負責任的
森林資源的紙張
FSC™ C016973

This book was conceived, designed, & produced by
Ivy Kids, an imprint of The Quarto Group
Copyright © 2020 Quarto Publishing plc
All rights reserved.

ISBN: 978-962-08-7597-7
Traditional Chinese Edition © 2021 Sun Ya Publications (HK) Ltd.
18/F, North Point Industrial Building, 499 King's Road, Hong Kong
Published in Hong Kong
Printed in China

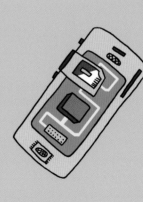

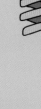
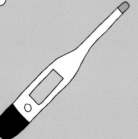

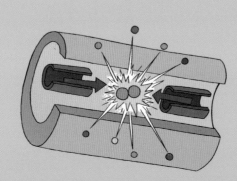

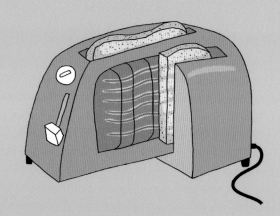

周圍的**空氣**和海裏的**水**，

化成了清涼的**風**和翻滾的**浪**。

風和浪究竟靠着哪些機械，

轉變為我們使用的電力呢？

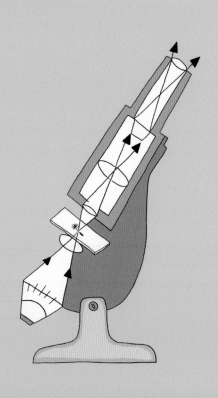

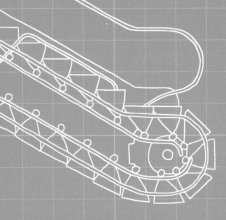

目錄

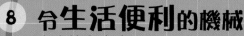

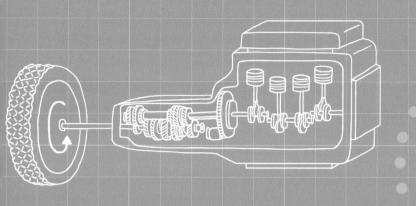

歡迎進入機械世界！

從地球上出現首批人類以來，我們的身邊就一直有機械存在，從用於打開或切割物件的燧石塊，到輪子的發明等。你每天可能會運用到數以百計的機械呢！

試想像一下……你從睡牀上一躍而起，然後走進浴室。你如廁後會沖廁（希望你有這樣做！），再舒舒服服地洗個熱水澡。早餐時，你把麵包放進多士爐裏，然後從雪櫃中拿出一盒牛奶。出門上學時，你鎖好大門，騎着單車出發了！僅僅在這一個多小時內，你已經使用了林林總總的機械，你能數出有多少嗎？

我們會使用這麼多機械，因為它們使我們的生活更輕鬆方便。它們幫助我們處理不同的工作。在科學上，「功（work）」有「完成工作」的意思；機械能讓我們以較少的力量去完成工作。

你會從這本書中得知各式各樣的機械怎樣運作。從簡單的手推車，到用於探索火星的高科技機械人。今後你一定會對所有機械另眼相看！

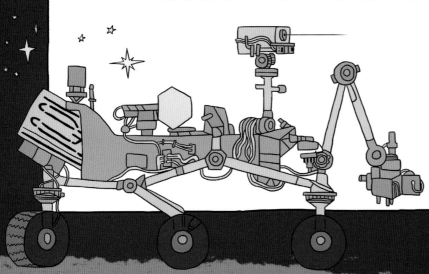

簡單機械

機械可以分為不同種類：包括由少量部件組成的**簡單機械**，還有由許多不同的簡單機械所組成的**複合機械**。舉例說，剪刀就是由槓桿（手柄）和楔子（刀片）組成。以下是一些簡單機械的運作方式。

楔子

楔子是一種可以移動的斜面，一端較厚，一端較薄。當你以單一方向推動楔子，它便會產生側向的力，可以把物件分開。剪刀的刀片就是楔子。當你把刀片壓進紙張，紙張便會分成兩片。

槓桿

槓桿是一根杆子，放在稱為支點的固定點上。槓桿能減少移動或抬舉沉重物件時所需要的力量。單輪手推車由多個簡單的機械組成，包括一個槓桿，它的把手是杆子，輪子就是支點。你只要舉起手推車的把手，便能輕易抬起車上的重物。

滑輪

滑輪是一個繞着中心軸旋轉的輪子，輪邊有一根繩子圍繞。滑輪可以令物件較容易升起。藉由把繩子的一端向下拉，你便能牽拉輪子，把另一端的物件升起。起重機會利用滑輪升起沉重的物件。

輪軸

軸是一根杆子，會固定在輪子的中央；而車軸的兩端都會各裝上一個輪子。當我們向車軸施力時，輪子便會轉動。

令生活便利的機械

你的家中充滿了各種機械！而其中兩種最常用的機械，就是多士爐，因為多士最好吃了！還有坐廁……嗯，你懂的。不過你有沒有想過這些家居機械是怎樣運作的呢？現在就讓我們來仔細研究一下吧。

多士爐

有些機械能夠把電力轉化成熱力。這就是為什麼多士爐能夠把又冷又軟綿綿的麵包變成熱烘烘又鬆脆的多士。

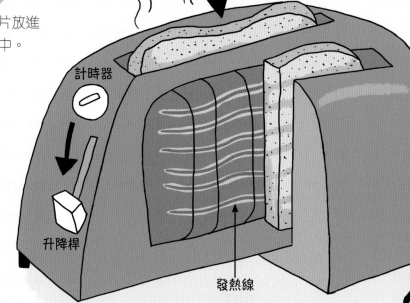

麵包放進這裏

計時器

升降桿

發熱線

1 先把麵包片放進多士爐中。

2 按下升降桿會令麵包下降，並形成完整的電路，讓電力流過發熱線。這些發熱線成行排列在麵包的兩側。

3 電力無法輕易地流過發熱線，所以發熱線會熱得發紅。源自發熱線的熱力會烘烤麵包，直至麵包變成棕色。

4 多士爐附有計時器。當多士烘烤了適當的時間，升降桿便會升起，中斷電路。多士會彈出來，準備好讓你塗上喜愛的醬料。

多士彈出來！

良好導電體和不良導電體

因為銅是良好的導電體，代表電力能輕易流過銅製的線路，所以大部分電線都是用銅製成的。不過，以不良導電體製成的電線也很有用處。因為當電力流過這種電線時，它們就會變熱。多士爐中的發熱線一般都是由一種名叫鎳鉻合金的不良導電體製成。

坐廁

你上廁所去解決生理需要。接着你會按下按鈕或手掣，然後水便會湧出，把你的尿液或糞便沖走。這是怎樣做到的啊？

提示：這絕不是坐廁精靈的傑作！

1

用於沖廁的水會儲存在一個稱為水箱的水缸裏。沖水手掣是一個槓桿，當你按下手掣時，就會把一個沖水閥門打開，讓水從水箱中湧出來，衝進廁缸中。

水箱

沖廁手掣

水從水箱流出，湧向廁缸。

沖水閥門打開。

廁缸

2

水流迫使排泄物和廁缸中的水流進糞渠，並通向主要的污水渠。再見啦，便便！當水箱排水時，原本浮在水面上的浮球閥會隨水下降。

進水閥門打開，乾淨的水湧入。

浮球閥下降。

沖水閥門閉上。

糞渠

3

當水箱變得空盪盪後，有兩件事情會發生。第一，沖水閥門會閉上；第二，浮球閥會抵達水箱底部，並推動另一個槓桿，令水箱底部另一個閥門打開，讓來自供水系統的水流入水箱。

進水閥門閉上。

浮球閥回到水箱上方。

4

隨着水位上升，浮球閥亦會往上移動。當它抵達適當水位後，進水閥門會關閉，水便停止流入。你的廁所現在已經清潔妥當，準備好迎接下一位訪客了！

在購物中心常見的機械

購物中心滿滿都是先進的機械。扶手電梯讓你迅速到達各個樓層，而不會讓你累壞；條碼掃描器可以幫助店鋪出售商品及記錄存貨數量。讓我們來認真了解一下這些常見的機械吧！

扶手電梯

扶手電梯所佔的空間與普通樓梯相若，但能夠讓人們更迅速地移動，而且還可以省下爬樓梯的氣力！那麼，扶手電梯是怎樣帶我們走上走落的呢？

世界上最短的扶手電梯位於日本。它長約83厘米，只有5個梯級！

1

首先，電動摩打會令扶手電梯頂部的驅動齒輪轉動，令一根圍繞着電梯頂部的驅動齒輪和底部的回行齒輪的鉸鏈循環移動。

扶手帶驅動裝置

扶手

驅動齒輪

電動摩打

梯級

2

當鉸鏈移動時，它會帶動一連串的梯級，並帶着梯級上的人往上或往下移動。每個梯級移動時都會緊貼着前後的梯級。

鉸鏈

3

在電梯的頂部和底部，梯級會變得平坦，形成一個平面，讓人輕易安全地走過。

4

回行齒輪

在鉸鏈轉動並拉動梯級時，扶手亦會隨之移動。就像驅動齒輪一樣，扶手帶驅動裝置亦是由電動摩打帶動，拎扶手繞圈移動。扶手以和梯級移動相同的速度運轉。太方便了！

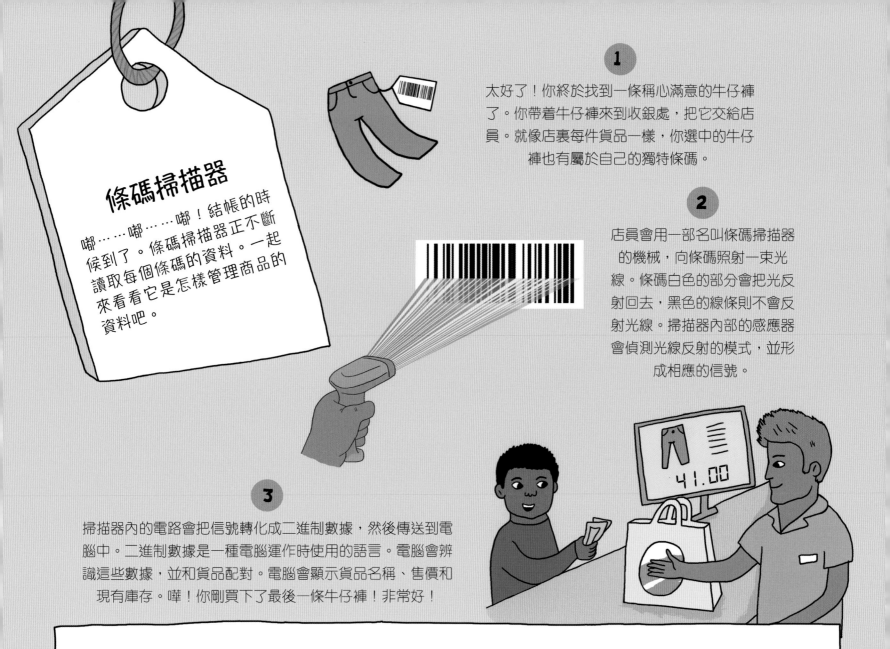

條碼掃描器

嘟……嘟……嘟！結帳的時候到了。條碼掃描器正不斷讀取每個條碼的資料。一起來看看它是怎樣管理商品的資料吧。

1

太好了！你終於找到一條稱心滿意的牛仔褲了。你帶着牛仔褲來到收銀處，把它交給店員。就像店裏每件貨品一樣，你選中的牛仔褲也有屬於自己的獨特條碼。

2

店員會用一部名叫條碼掃描器的機械，向條碼照射一束光線。條碼白色的部分會把光反射回去，黑色的線條則不會反射光線。掃描器內部的感應器會偵測光線反射的模式，並形成相應的信號。

3

掃描器內的電路會把信號轉化成二進制數據，然後傳送到電腦中。二進制數據是一種電腦運作時使用的語言。電腦會辨識這些數據，並和貨品配對。電腦會顯示貨品名稱、售價和現有庫存。嘩！你剛買下了最後一條牛仔褲！非常好！

什麼是條碼？

你一定見過在購物籃中的貨品上，都有那些黑白相間的條碼，從牙膏到朱古力均有條碼的蹤影。配合條碼掃描器和電腦，就能幫助店主追蹤及記錄銷售狀況。

條碼是由一組號碼構成的。不過數字很容易混淆，例如6可能因上下顛倒而被當作9。為此，條碼的數字會以編碼顯示。編碼的原理，是給每個數字7條隨機組合的黑白條紋。

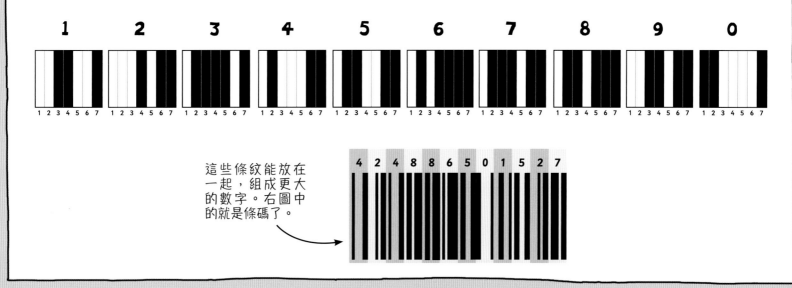

這些條紋能放在一起，組成更大的數字。右圖中的就是條碼了。

在道路飛馳的機械

世界各地道路上，大約共有14億輛汽車到處行駛，幾乎所有汽車都有一個內燃式引擎。以下展示了怎樣令一輛汽車啟動，還有更重要的，怎樣令汽車停下來。

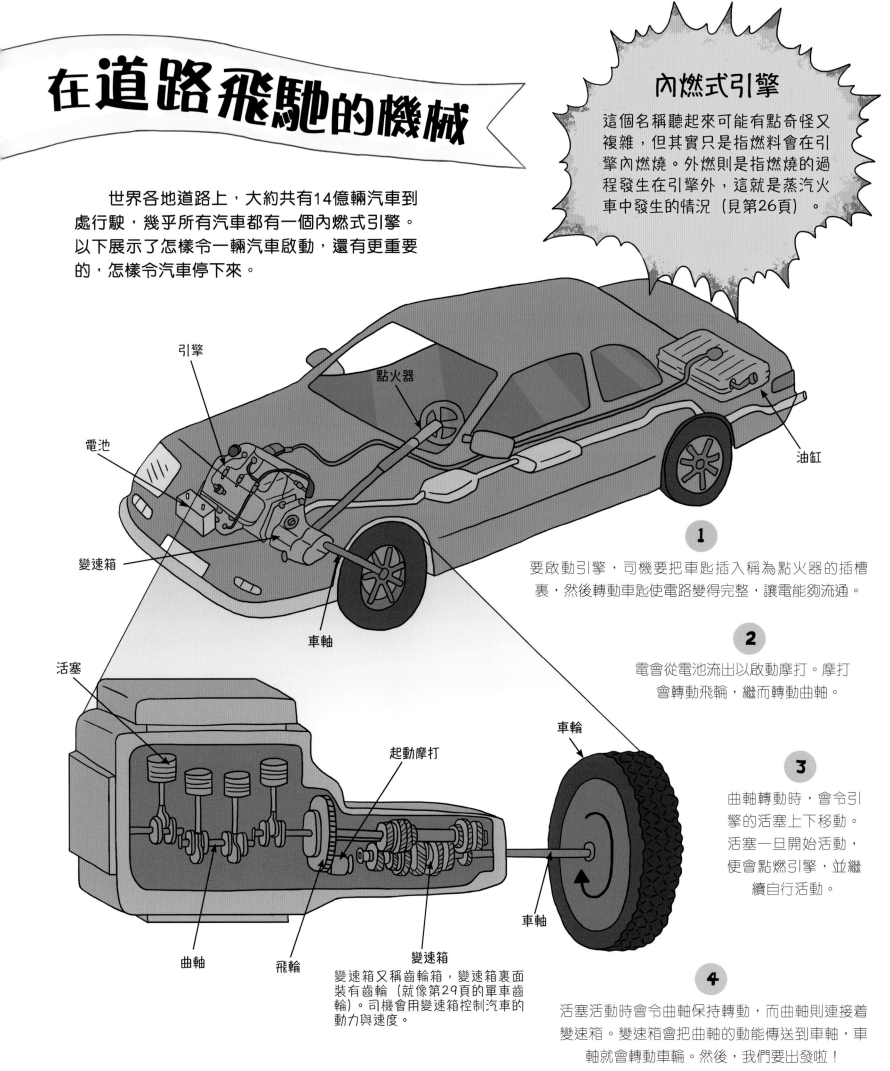

內燃式引擎

這個名稱聽起來可能有點奇怪又複雜，但其實只是指燃料會在引擎內燃燒。外燃則是指燃燒的過程發生在引擎外，這就是蒸汽火車中發生的情況（見第26頁）。

引擎

點火器

電池

變速箱

油缸

車軸

活塞

起動摩打

車輪

車軸

曲軸

飛輪

變速箱
變速箱又稱齒輪箱，變速箱裏面裝有齒輪（就像第29頁的單車齒輪）。司機會用變速箱控制汽車的動力與速度。

1
要啟動引擎，司機要把車匙插入稱為點火器的插槽裏，然後轉動車匙使電路變得完整，讓電能夠流通。

2
電會從電池流出以啟動摩打。摩打會轉動飛輪，繼而轉動曲軸。

3
曲軸轉動時，會令引擎的活塞上下移動。活塞一旦開始活動，便會點燃引擎，並繼續自行活動。

4
活塞活動時會令曲軸保持轉動，而曲軸則連接着變速箱。變速箱會把曲軸的動能傳送到車軸，車軸就會轉動車輪。然後，我們要出發啦！

活塞

等一等……活塞怎麼能自行保持活動呢？

1
汽車起動時，轉動的曲軸會令活塞往下移動。油缸中的燃料與空氣混合，並流入活塞位於的氣缸裏。

2
當活塞往上移動時，燃料和空氣的混合物會被擠壓進一個細小的空間裏。

3
火嘴又稱為火星塞，它會點燃燃料和空氣的混合物，混合物隨之爆炸，並把活塞再次往下推。

4
當活塞恢復原狀時，它會把所有廢氣推走。這個過程會從爆炸再次開始，從而令活塞不斷活動。

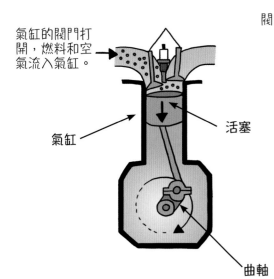

氣缸的閥門打開，燃料和空氣流入氣缸。

氣缸

活塞

曲軸

閥門關閉。

火嘴

爆炸

閥門打開，廢氣流走。

油門

要汽車行駛得快一點，司機就會使用油門踏板。當他踩下踏板時，會有更多空氣進入引擎的氣缸裏。這樣會添加更多燃料，從而產生更多爆炸，令活塞活動得更快，汽車就會跑得更快啦！

踩下刹車掣！

要減慢汽車速度或停下汽車時，司機會用腳踩下刹車掣。汽車的刹車系統和單車的刹車系統有點相似（見第29頁）。

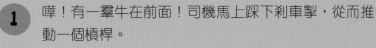

1 嘩！有一羣牛在前面！司機馬上踩下刹車掣，從而推動一個槓桿。

2 槓桿推動一個活塞，然後這個活塞會把刹車油擠入一根狹窄的管道中。

3 刹車油抵達另一個活塞，令活塞把刹車片壓向車輪上的碟盤。

4 刹車片和碟盤之間的摩擦力會減慢車輪轉動，並刹停汽車。這些牛終於可以安全地繼續叫了！

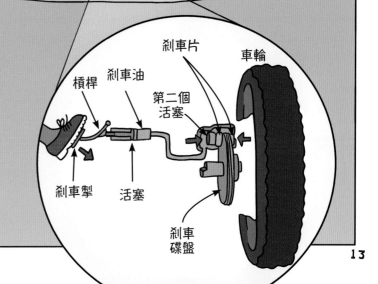

刹車片

車輪

槓桿　刹車油

第二個活塞

刹車掣　活塞

刹車碟盤

在天空翱翔的機械

當你坐在飛機上，前往一個令人興奮不已的度假勝地時，你很容易會視之為理所當然。難道你不覺得這些沉重的機械能夠像鳥兒一樣翱翔天際，實在是很不可思議嗎？引擎能令飛機往前移動，而機翼則會把飛機往上推……究竟這都是什麼一回事呢？

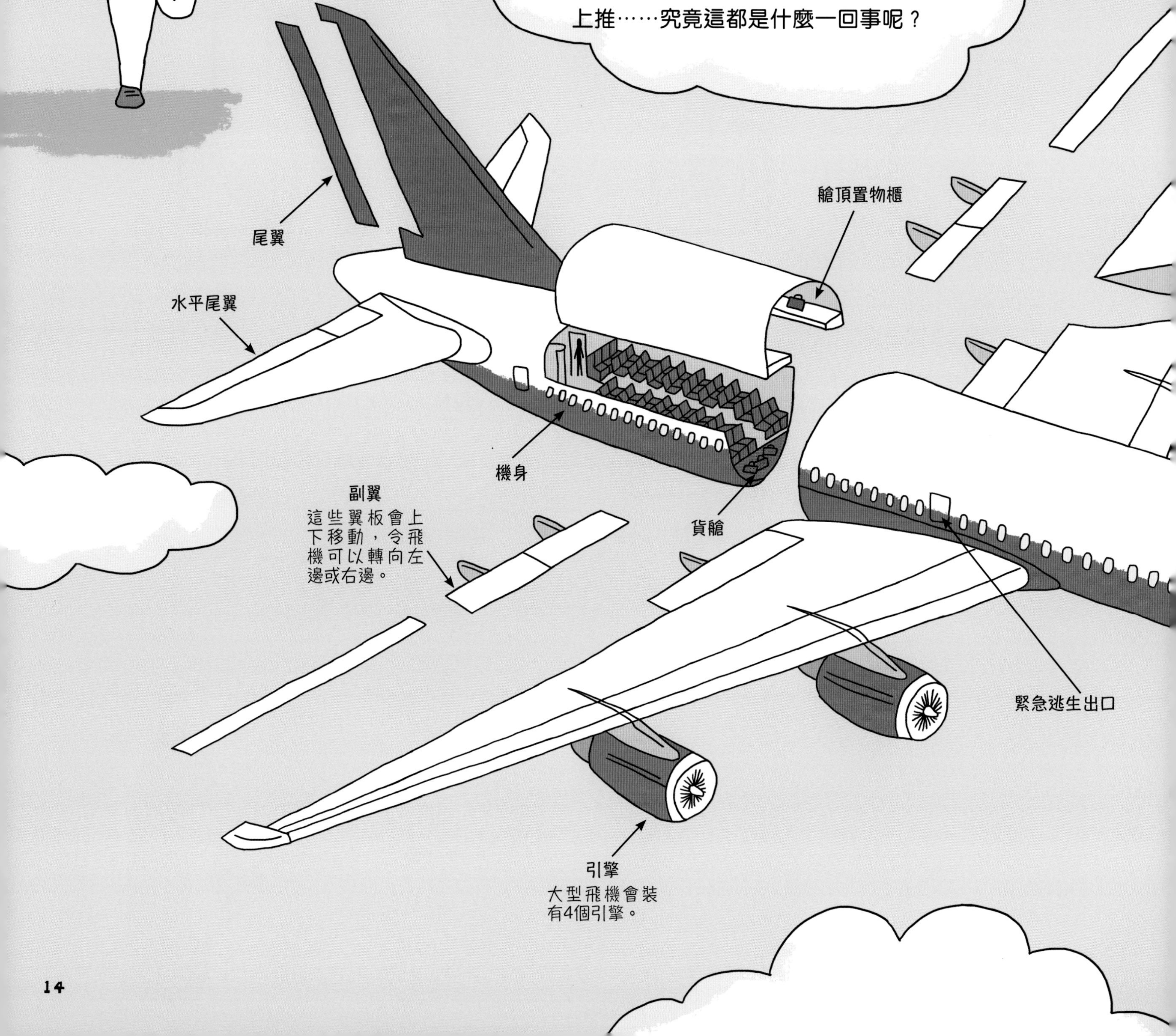

尾翼

水平尾翼

艙頂置物櫃

機身

副翼
這些翼板會上下移動，令飛機可以轉向左邊或右邊。

貨艙

緊急逃生出口

引擎
大型飛機會裝有4個引擎。

機翼

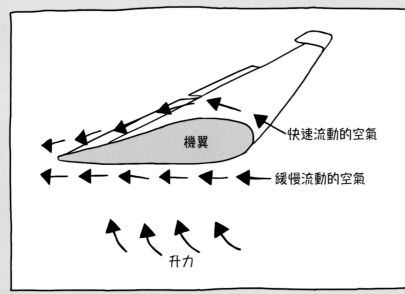

機翼

快速流動的空氣

緩慢流動的空氣

升力

飛機的引擎令飛機高速往前移動,讓空氣快速流過機翼。機翼形狀經過特別設計,讓在機翼上方的空氣流動得較機翼下方的空氣快;上方快速流動的空氣令氣壓會較下方的低,從而產生一種稱為升力的力,把飛機往上推。機翼的角度會把空氣往下推,同樣可以產生升力。

機翼

引擎

1

飛機採用噴射引擎,能透過一個風扇把空氣抽進引擎裏。

2

旋轉的輪葉名叫壓縮器,會迫使空氣流進越來越小的空間。這樣空氣會受到擠壓,從而產生非常高的氣壓。

3

這些熾熱、高壓的空氣會進入燃燒室,並與燃料混合,然後火花會點燃空氣與燃料的混合物。

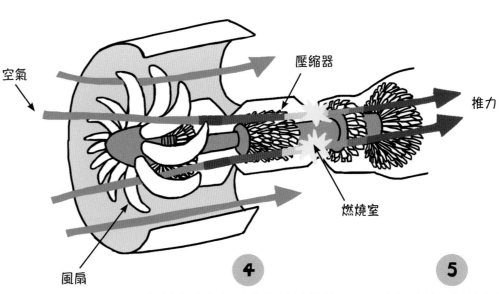

空氣

壓縮器

推力

燃燒室

風扇

4

燃料與空氣的混合物被點燃後,會非常迅速地膨脹,並從引擎後方噴射而出。

5

空氣往後噴射的力會推動飛機前進,這種力稱為推力。

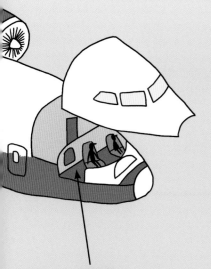

駕駛艙

機師和副機師會在這裏,利用駕駛艙內的控制儀器來駕駛飛機。

帶你穿越海洋的機械

船隻可以在海面上航行，不過還有其他機械也可以在海面和海底風馳電掣。氣墊船能在海浪上滑行，而潛艇能潛入海底。

氣墊船

氣墊船也許看似在海面上航行，但其實它正在空中滑翔。怎麼可能的？一起來看看吧！

後部風扇

空氣往後吹，令氣墊船向前移動。

風扇

空氣往下吹，令橡膠製成的軟性氣裙充氣，形成氣墊。

1

大型、強力的風扇在氣墊船下方推動空氣。

2

氣墊船下方的軟性氣裙會把空氣困住，形成一個巨型的氣墊。氣墊會把氣墊船往上推離水面，從而減少氣墊船與水面之間的摩擦力，讓氣墊船能更輕易地移動。

3

位於氣墊船後方的風扇會把空氣往後吹，令氣墊船前進。就像你吹脹一個氣球然後放手一樣，氣球裏的空氣會湧出，令氣球飛走。

摩擦力

摩擦力是兩個彼此滑動的表面或物體之間的力。摩擦力越大，滑動的速度就越慢而且越困難。例如冰的表面摩擦力較小，所以你可以輕鬆地在上面滑動，甚至滑倒！

潛艇

假如物體比水輕，它便會浮起；如果它比水重，它便會沉沒。潛艇能藉由改變重量，令它能夠浮在水上，也能沉於水中。

嘩！海怪啊！

螺旋槳

壓載艙

內殼

外殼

1

潛艇由外殼和內殼組成，兩個船殼之間有空隙，稱為壓載艙。船員在內殼裏可保持溫暖乾爽。潛艇後方的螺旋槳會推動潛艇前進。

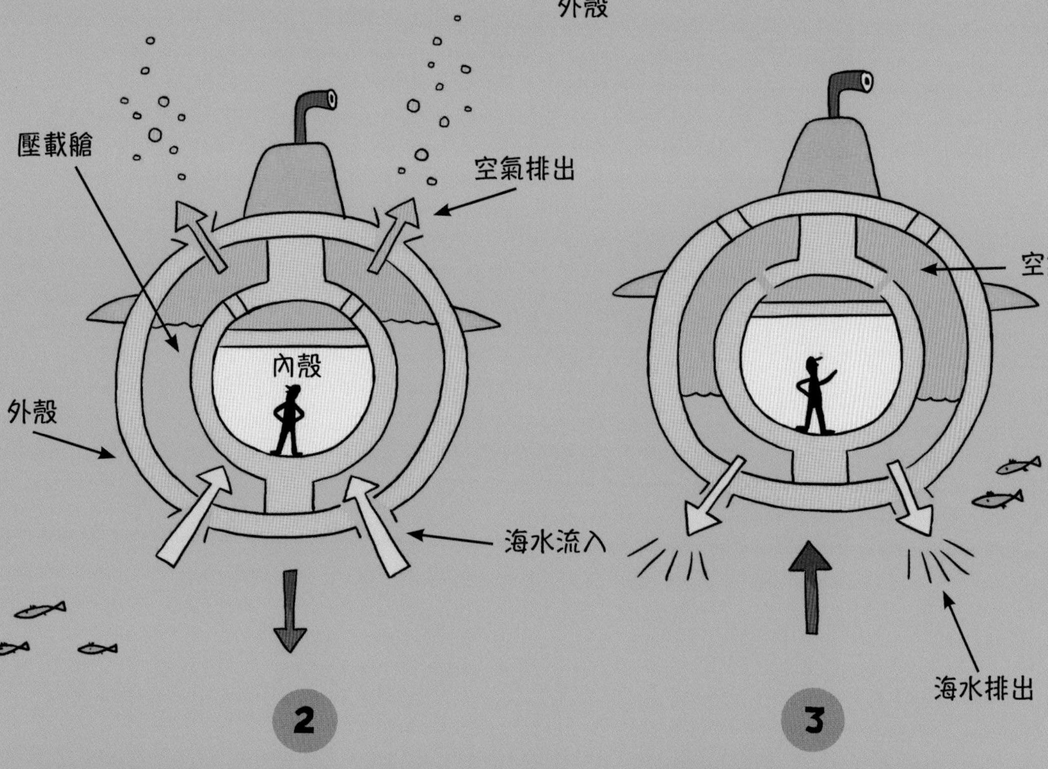

壓載艙

空氣排出

內殼

外殼

海水流入

空氣流入

2

當潛艇需要潛入水底時，船員會讓水流入壓載艙，迫使空氣排出。當壓載艙盛載的水越來越多，潛艇變得更重後就會下沉。船員能藉由改變壓載艙的水量，控制潛艇下潛的深度。

海水排出

3

當潛艇需要升回水面時，船員會把空氣灌入壓載艙，空氣會迫使艙內的水排出。潛艇就會變得較輕而上升。

潛艇裏的生活

氧氣會泵進潛艇裏，讓船員能夠呼吸。

潛艇亦有特殊的機器，能把鹹鹹的海水變成淡水，令食水可以穩定地供應給船員。

會旋轉發電的機械

化石燃料（煤、石油和天然氣）對地球非常有害，並且有一天會耗盡，因此科學家和工程師一直在開發利用永遠不會耗盡的資源（例如風和浪）去發電的機械。現在就是渦輪機出場的時候了！

風力發電機

這些巨大的機械可以利用風的力量來產生電力，而風力是永遠用之不竭的！風力發電機造成的污染對地球的損害也少得多。來了解多點這些拯救地球的機械吧！

風力發電機通常興建在高而平坦的土地上，甚至設於海中。原因是在這些空曠的地方附近，不會有建築物或山坡令風減慢，代表風力發電機可以迎來更清勁的風，產生更多電力。

潮汐渦輪

這些渦輪就像水底風車，不過它們並非利用風力發電，而是藉由潮汐發電。

潮汐渦輪會裝設在水中，並固定在海牀上。由潮汐引起的海水活動會令渦輪的扇葉轉動，並產生電力。

潮汐渦輪

海水

海流

海牀

一般風力發電機都超過90米高。它們之所以建造得如此高聳，是因為風速會隨高度而增加。例如在37米的高處，風速是地面的兩倍。當風速越快，風力發電機的扇葉便會轉動更快，產生的電力也更多。

扇葉

2

這會令發電機內的機軸轉動。機軸會以慢速轉動，因為驅動它的巨大扇葉旋轉得相當緩慢。

3

變速箱能把慢速機軸的緩慢動作變成較快的動作，並推動高速機軸。這個高速機軸的轉速可能較外面的扇葉快100倍。

1

風吹起時，會令風力發電機的扇葉旋轉。

慢速機軸

變速箱

發電機組

風速計
測量風的速度。

**對風轉向
裝置**
確保扇葉正面迎風。

控制器
令發電機啟動或靜止。

高速機軸

6

接着電力會流入由發電廠、電纜和電塔組成的電網，為我們的家居、學校和工廠供電。

4

高速機軸會推動發電機組，把機械能轉化成電力。

電線

塔桿

5

電力透過電線，由發電機組流過塔桿，到達地面的變壓器。然後變壓器會把電轉換至較低的電壓。

電纜

變壓器

風怎樣化成電力？

1831年，英國科學家米高‧法拉第（Michael Faraday）發現，把磁石圍繞着金屬線圈移動，便能產生電力。磁石移動會令電流流遍金屬線圈。在風力發電機裏，旋轉的扇葉會令連接發電機的機軸轉動，令發電機組把風的機械能轉化為電力。

金屬線圈

機軸

磁石

讓你量度萬物的機械

每天我們都會利用機械來量度事物：我們會查看氣溫，好讓我們知道是否需要多穿衣服保暖；我們會量度材料的重量，然後做出一個美味的蛋糕。你知道這些有用的機械是怎樣運作的嗎？

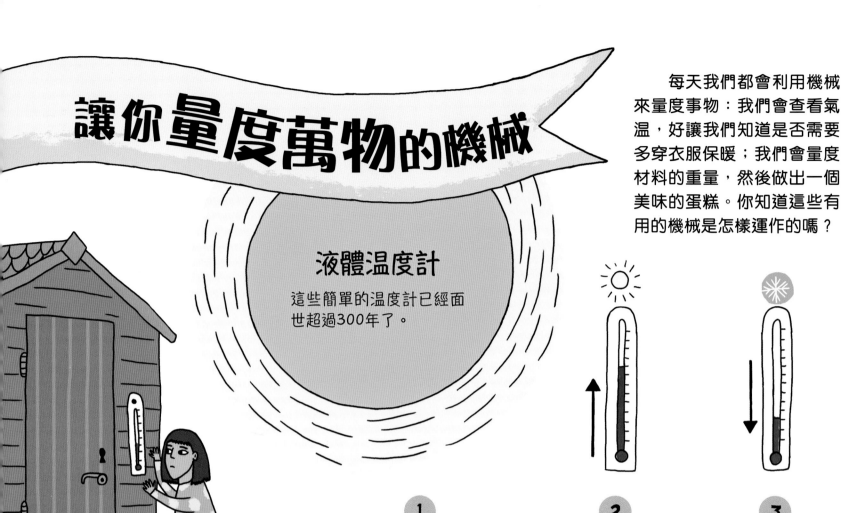

液體溫度計

這些簡單的溫度計已經面世超過300年了。

1

你一早醒來，猜想室外有多冷，於是你看看花園小屋上的溫度計顯示的溫度。這個溫度計有一根玻璃管，裏面裝滿液體。這些液體一般都是一種稱為水銀的液體金屬。

2

水銀受熱時便會膨脹變大。這就是說當天氣較和暖時，水銀會向玻璃管上方升高。溫度計上的刻度就會告訴你此刻的氣溫。

3

水銀變冷時便會收縮變小。所以當天氣變得寒冷時，水銀會在玻璃管中下降。嗯，今天似乎不是燒烤的好日子！

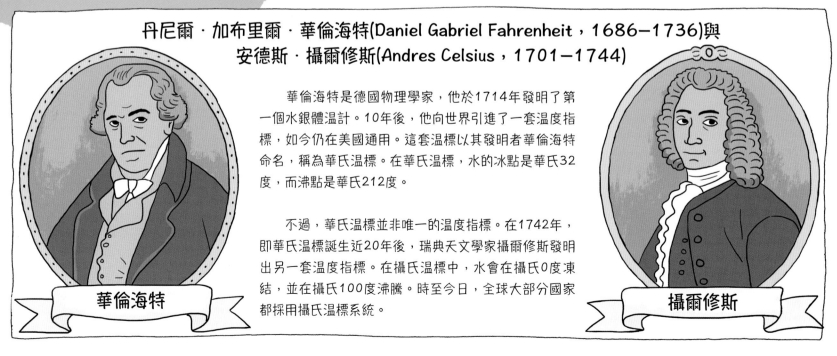

丹尼爾‧加布里爾‧華倫海特(Daniel Gabriel Fahrenheit，1686-1736)與安德斯‧攝爾修斯(Andres Celsius，1701-1744)

華倫海特是德國物理學家，他於1714年發明了第一個水銀體溫計。10年後，他向世界引進了一套溫度指標，如今仍在美國通用。這套溫標以其發明者華倫海特命名，稱為華氏溫標。在華氏溫標，水的冰點是華氏32度，而沸點是華氏212度。

不過，華氏溫標並非唯一的溫度指標。在1742年，即華氏溫標誕生近20年後，瑞典天文學家攝爾修斯發明出另一套溫度指標。在攝氏溫標中，水會在攝氏0度凍結，並在攝氏100度沸騰。時至今日，全球大部分國家都採用攝氏溫標系統。

華倫海特

攝爾修斯

天秤

這種簡單的稱重機械從古埃及時代已經存在。

1

你想找出3個蘋果的重量。你需要先把蘋果放在天秤的一側。

2

然後你需要把砝碼放在天秤另一側。你開始添加砝碼，直至天秤的兩側平衡。

3

最後你只需練習一下算術，把砝碼的重量加起來。要找出蘋果的重量，輕而易舉！

電子溫度計

要是你生病了，大概就是你會用上這種溫度計的時候了⋯⋯

1

電子溫度計是基於金屬變得越熱，電力越難流過的原則來運作。因此，當溫度計的金屬部件放在舌頭上時，金屬會變熱，電力的流動就會隨之改變。

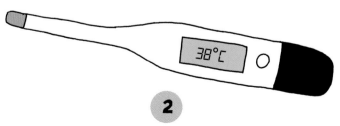

2

微型晶片會記錄有多少電力流過金屬部件，並將之轉化成屏幕上的溫度讀數。沒錯，你發燒了。你今天要留在牀上了！

看清內部與微細的機械

眼睛能讓我們看見圍繞在身邊的世界，從近觀到遙遙遠眺都可。但我們不能單靠眼睛看見固體物件的內部，或是比針頭還細小的微細事物。而X光機和顯微鏡就讓不可能變成可能！

X光機

X光是一種肉眼不可見的光線。試想像一下你的朋友莎拉從單車上摔下來，弄傷了手臂。在醫院裏，她只是照一照X光，醫生就能看到她手臂裏的骨頭有沒有斷裂。

X光管

X光

感測器

X光機瞄準了莎拉的手臂。操作人員會按下按鈕，X光射線便會穿透空氣射出。

X光能穿過莎拉手臂裏的柔軟部分，包括皮膚和肌肉，但不能穿過堅硬的骨頭。骨頭會阻擋X光，並且令骨頭的另一邊產生影子。就像當你用電筒照向你的手掌時，你的手掌後會出現影子一樣。

在莎拉手臂的另一邊，感測器會形成影像。

感測器與電腦連接。在屏幕上，柔軟的身體部分會顯示為黑色或灰色；較堅硬的骨頭會顯示為白色。這能讓醫生看清楚骨頭有沒有斷裂。可憐的莎拉，她的手臂原來骨折了！

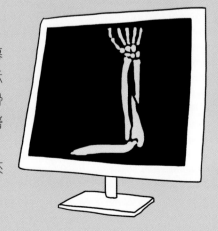

顯微鏡

你有使用過顯微鏡嗎？顯微鏡讓你能看見一般無法看見的東西。你能仔細觀察微細的物件、昆蟲或你自己的皮膚。科學家會利用顯微鏡研究細胞、發明藥物、製造電子物料等。顯微鏡還有許多應用方式呢，我們來看看它是怎樣運作吧。

1 這次要觀察的物件是細小的蒲公英種子。種子會放在一塊玻璃片上，下方有燈照着它。

2 接着觀察者要望進目鏡。

3 種子下方的光會穿過物鏡。物鏡是一塊彎曲的玻璃，能讓物體看起來比實際更大。

4 光線通過一根管道抵達目鏡，途中會經過另一塊透鏡，令物體的影像變得更大。觀察者就能看見更多種子的細節了。

目鏡

物鏡

放有種子的玻璃片

燈光

透鏡怎樣令影像變大？

當光線通過彎曲的透鏡時，經過透鏡側面的光線較通過透鏡中央的光線屈曲得較多，令光線通過透鏡時會散開，使影像顯得更大。

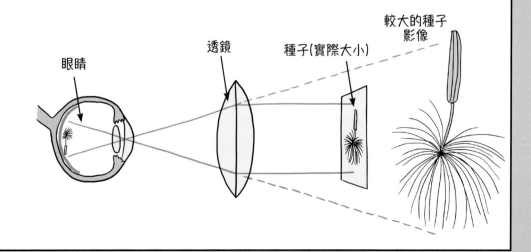

眼睛

透鏡

種子(實際大小)

較大的種子影像

讓聲音傳遞的機械

　　即使你們相距很遠，麥克峯和手提電話還是能讓你聽見別人說話和唱歌。因為它們都能把聲波變成能長距離傳送的電子信號。

麥克峯 →

麥克峯與擴音器

歌手會利用麥克峯和擴音器，讓聽眾能聽見他們悅耳清晰的聲音。這些機械是怎樣分工合作的呢？

2

聲波進入麥克峯，並擊中一塊振膜，振膜會隨着聲波的動作振動。

振膜

線圈

磁石

3

當振膜振動時，它背後的線圈和磁石也會振動。當磁石向着線圈移動時，線圈便會產生電流。振動產生的電子信號所移動的方式，會與音波的規律相同。

1

今天是狂歡之夜，你的爸爸踏上了舞台。當他放聲高歌時，他的聲音會令空氣振動，產生聲波。

4

電子信號由麥克峯傳送到擴音器。擴音器會增加電壓，令電子信號更強大。

擴音器

喇叭

5

電子信號傳送到喇叭，喇叭會把信號變回聲波，一些聲音更大的聲波，並將之傳播出去，到達聽眾的耳朵裏。

手提電話

你可以拿起電話，和學校的同學、身處另一個地方的朋友，或是在地球另一面的親戚談天說地。你的聲音是怎樣抵達他們的電話，又為何傳送速度會那麼快？

2

電話裏的微型晶片會把電子信號轉化成數碼編碼，那是一連串的數字。天線接着會把這些編碼以無線電波的形式發送到空中，無線電波就會傳送到最近的手機信號發射塔。

手機信號發射塔

1

假設你正和住在另一區的表姐正在講電話。你發出的聲音會進入電話的麥克峯，麥克峯會複製聲波的規律，變成相應的電子信號。

3

發射塔會接收無線電波並傳遞至流動網絡基站。

流動網絡基站

4

流動網絡基站會與行動電話交換局（英文簡稱MTSO）連接。MTSO是一部大型電腦，連接着不同地區的基站。MTSO會找出傳送你的電話通信最快的方式，並把資料傳送回基站。

5

基站發出的無線電波強度並不足以傳送到國家另一端的發射塔，所以它會向一連串的蜂窩網絡——擁有最少一個發射塔與一個基站的區域——發出無線電波，直至無線電波抵達最接近你表姐的發射塔。

6

無線電波終於抵達你表姐的手提電話了。電話裏的揚聲器就像反轉了的麥克峯一樣，會把數碼信號變回聲音，現在你的表姐便能聽見你說的話了！

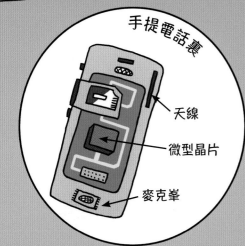
手提電話裏
天線
微型晶片
麥克峯

沿路軌前行的機械

人們駕駛汽車可以選擇不同的道路行走，不過火車就必須沿着路軌行駛。火車有不同的方式去獲得動力。從前，火車會用蒸汽作推動力，時至今日，大部分火車都是以電力運行。

蒸汽火車

世上第一列蒸汽火車是在19世紀發明的。它改變了我們由不同地方運送物件和人到目的地的方式。蒸汽火車能以高達每小時100公里的速度行駛，那是人類當時從未試過的最快速度。而這些火車全都是由蒸汽推動的！

1

嗚嗚！蒸汽火車就像一個裝有輪胎的巨型水壺。要令火車轟隆隆地前進，便要把煤炭或木柴鏟進火堆裏，讓火繼續熊熊地燃燒。而這把火會燒熱一大缸的水。

2

沸騰的水會產生蒸汽，蒸汽會推動氣缸中的活塞。

蒸汽

水缸

煤炭

氣缸

曲軸

活塞

3

活塞與曲軸連接，曲軸會推動輪子。全速前進！

電氣化火車

推動電氣化火車的是……當然是電力啊！火車可以從架空電纜，或者透過位於兩條路軌之間的第3條軌道獲得電力。電力會驅動摩打，以推動車輪。一起來仔細看看吧。

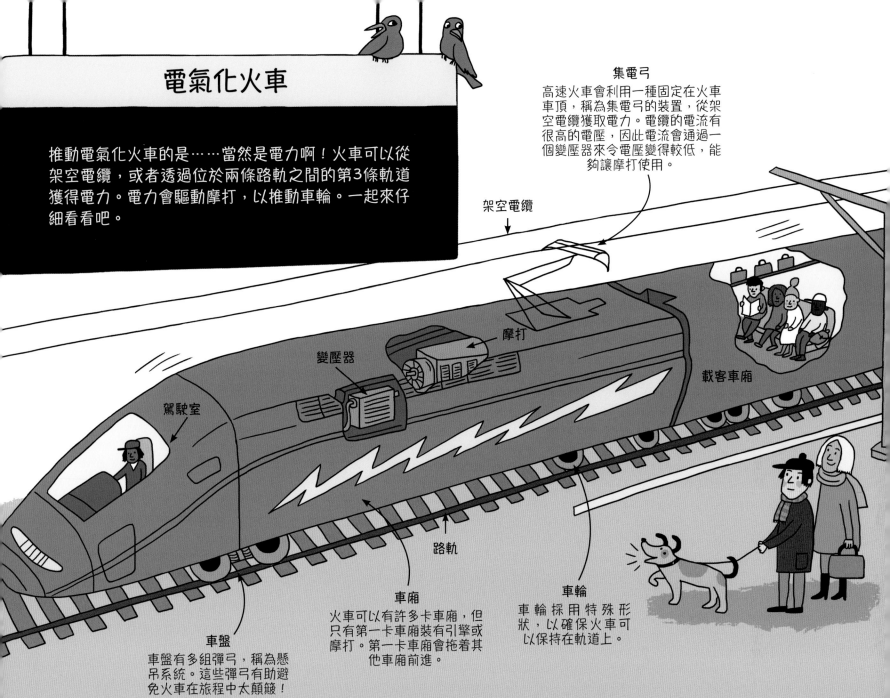

集電弓
高速火車會利用一種固定在火車車頂，稱為集電弓的裝置，從架空電纜獲取電力。電纜的電流有很高的電壓，因此電流會通過一個變壓器來令電壓變得較低，能夠讓摩打使用。

架空電纜

摩打

變壓器

載客車廂

駕駛室

車盤
車盤有多組彈弓，稱為懸吊系統。這些彈弓有助避免火車在旅程中太顛簸！

車廂
火車可以有許多卡車廂，但只有第一卡車廂裝有引擎或摩打。第一卡車廂會拖着其他車廂前進。

路軌

車輪
車輪採用特殊形狀，以確保火車可以保持在軌道上。

沿着路軌走！

火車會跟隨着路軌行駛，以抵達目的地。車輪會沿着鋼製的軌道移動，這些軌道會固定在名叫枕木的木頭方塊上，軌道和枕木一起組成了路軌。軌道之間的距離必須與火車車輪之間的距離相同。這距離稱為軌距。當火車需要移動到另一條路軌時，會使用一個稱為轉軌器的手掣。

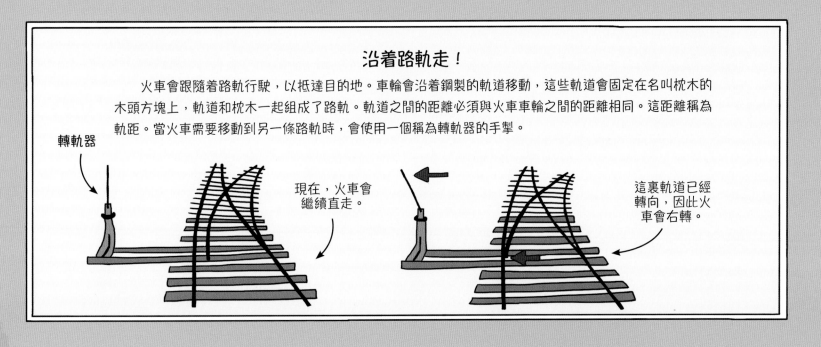

轉軌器

現在，火車會繼續直走。

這裏軌道已經轉向，因此火車會右轉。

移動時無需燃料的機械

你以前大概已試過踏單車，享受清風撲面的感覺。你很可能也見過單輪手推車，不過你知道它們是怎樣運作嗎？與大部分會移動的機械不同，這兩種機械都不需要燃料來推動它們，它們只需要你！

1 當你踏單車時，你的雙腳會踩動腳踏，令它沿着一個小圓圈轉動，令齒盤內一個名叫齒輪的輪子轉動。齒盤裏一般會有兩個齒輪，一大一小。齒輪上有輪齒，齒輪越大，輪齒便越多。

2 齒盤以鏈條與後輪上另一組稱為卡式飛輪的齒輪連接。鏈條會圍繞着齒盤其中一個齒輪和卡式飛輪的其中一個齒輪轉動。

3 當前方的齒輪轉動時，它會帶動鏈條繞圈，令後方的齒輪轉動，再令單車的後輪轉動。單車的前輪則是由後輪的動作推動。

單車

想要輕鬆、迅速又便宜地在你居住的地區到處去？踏單車要比步行快多了，而且單車不需要燃料，你的肌肉會為單車提供能量！我們來看看單車怎樣跑起來吧……

剎車手掣

剎車拉線

剎車臂

變速桿

制動塊

後齒輪

前齒輪

卡式飛輪

齒盤

後輪

鏈條

腳踏

前輪

單輪手推車

單輪手推車由兩個簡單的機械組成：槓桿，還有車輪和車軸。它們組合在一起令舉起重物，以及把重物從一個地方移到另一個地方，都變得容易很多了。

單輪手推車的車輪是支點，即一個固定點，而車上載着的重物(就是那隻滿身泥濘的小豬！) 會放在較接近輪子的地方，把手就在較後的位置。重物離把手的距離遠一些，會令重物更容易提起來。而車輪和車軸則幫助移動重物。

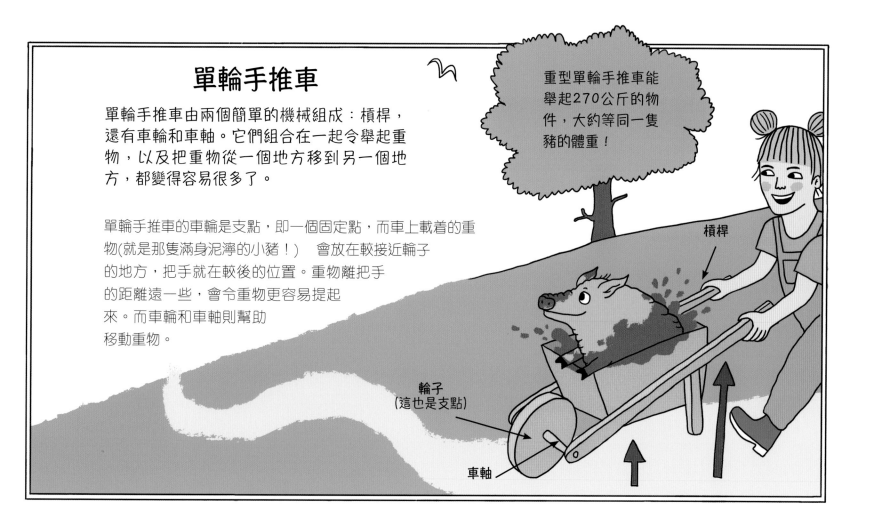

重型單輪手推車能舉起270公斤的物件，大約等同一隻豬的體重！

槓桿

輪子
(這也是支點)

車軸

剎車系統

單車的剎車系統超級重要！它能令你的單車減慢速度並停下來。當你用力握緊剎車手掣時，槓桿會拉動一條纜索，令制動塊一起壓向移動中的車輪，令車輪放慢並停下來。

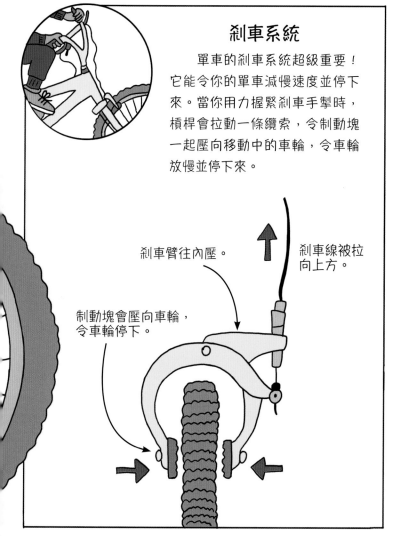

剎車臂往內壓。

剎車線被拉向上方。

制動塊會壓向車輪，令車輪停下。

排擋

單車中的齒輪又稱為排擋。如果你有許多個齒輪，你便有許多排擋。排擋有助控制單車的速度，幫助你駛上陡峭的山坡。當你想改變排擋時，你可以使用把手上的變速桿，選擇你需要的排擋，鏈條便會移動到相對的齒輪上。

高排擋(綠色的鏈條)會運用較細小的後齒輪及較大的前齒輪。高排擋會令車輪轉得更快，但踏腳踏時會較吃力。

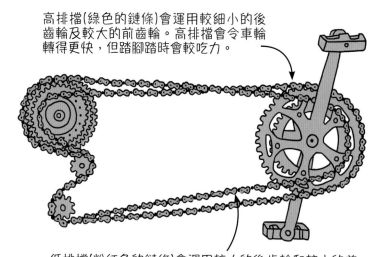

低排擋(粉紅色的鏈條)會運用較大的後齒輪和較小的前齒輪。低排擋會令車輪轉動得較慢，但踏腳踏時會輕鬆得多。低排擋通常會用於駛上山坡或陡峭的路徑。

助你整理紙張的機械

你也許會想：「釘書機和剪刀不是機械！為什麼它們會出現在這本書中？」嗯，它們的確是機械，而且更是非常巧妙的機械！

釘書機

史上第一部釘書機是在18世紀，為一位法國國王發明的。時至今天，釘書機在家居、學校與辦公室都被廣為使用。你知道它是怎樣運作的嗎？

1

你想製作出一頂紙王冠，需要把紙的兩端釘在一起。你把紙的兩端放在一起，然後放在釘書機的底座和上蓋之間。

2

當你按壓釘書機的頂部時，釘鎚會把最前方的釘書針向下推，令釘書針的尖端穿過紙的兩端。

3

釘書機的底部是設計得非常精巧的部分。釘書機的底部上有一個小凹槽，釘書針的兩端會進入這個凹槽，同時由於你仍在把釘書機往下壓，相應的力會令釘書針向內屈曲，並整齊地把紙的兩端固定好。太好啦！你的王冠已準備好讓你戴在頭上了。

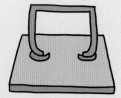

釘書機的內部

來看看把釘書機拆開後，你會發現的所有零件。每一件細小的零件都有它們的功用。

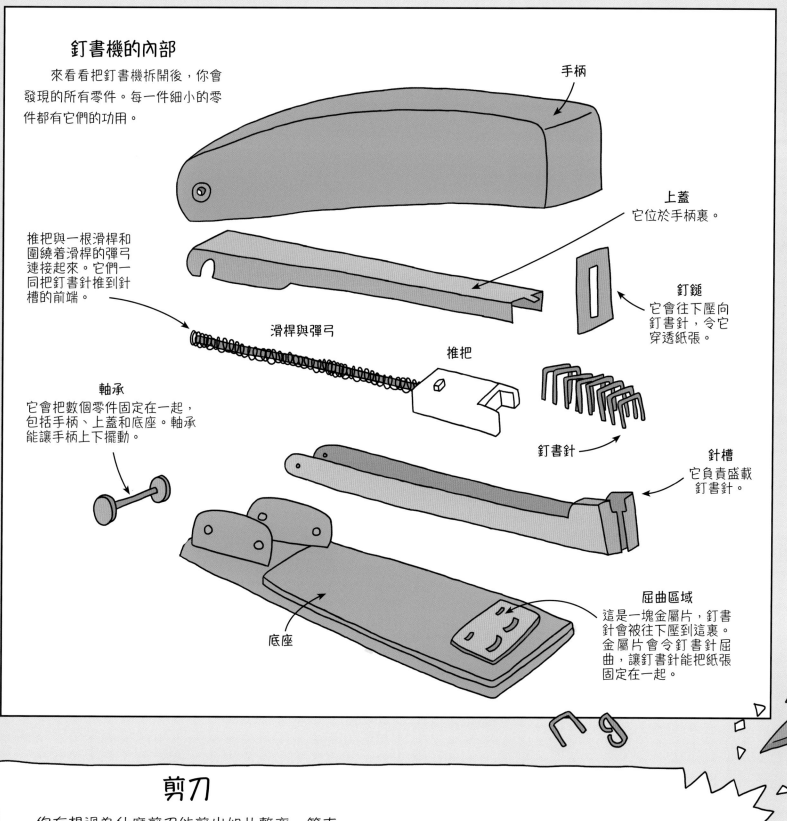

手柄

上蓋
它位於手柄裏。

推把與一根滑桿和圍繞着滑桿的彈弓連接起來。它們一同把釘書針推到針槽的前端。

滑桿與彈弓

推把

釘鏈
它會往下壓向釘書針，令它穿透紙張。

軸承
它會把數個零件固定在一起，包括手柄、上蓋和底座。軸承能讓手柄上下擺動。

釘書針

針槽
它負責盛載釘書針。

底座

屈曲區域
這是一塊金屬片，釘書針會被往下壓到這裏。金屬片會令釘書針屈曲，讓釘書針能把紙張固定在一起。

剪刀

你有想過為什麼剪刀能剪出如此整齊、筆直的切割口嗎？

剪刀結合了兩種機械：剪刀的手柄是槓桿，刀鋒就是楔子。手柄在支點固定在一起。透過按壓手柄，你便能壓下槓桿，令手柄的另一端產生強大的切割力量。剪刀的刀鋒是一對楔子，交叉固定在一起，並且會繞着支點轉動。它們會完美地相遇並穿過，讓它們能俐落地剪開薄薄的物料。

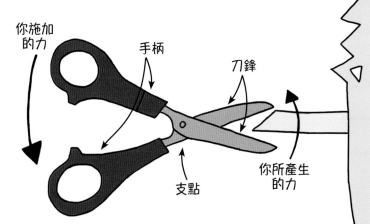

你施加的力

手柄

刀鋒

你所產生的力

支點

讓你保持清涼 的機械

雪櫃製造低溫的環境，為你提供冰涼的飲品，讓你消暑降溫，也讓食物保持新鮮。如果你生活在炎熱的國家，你可能也有冷氣機來讓你保持涼快清爽。不過這些機械是怎樣運作的呢？一起繼續看下去找出答案吧。

雪櫃

你試過不小心把牛奶留在桌面嗎？到了第二天，牛奶很可能已經變壞了。令食物變壞的細菌在寒冷的環境中生長得比較慢，所以雪櫃能助你保持食物新鮮。可是你的雪櫃是怎樣保持低溫的呢？

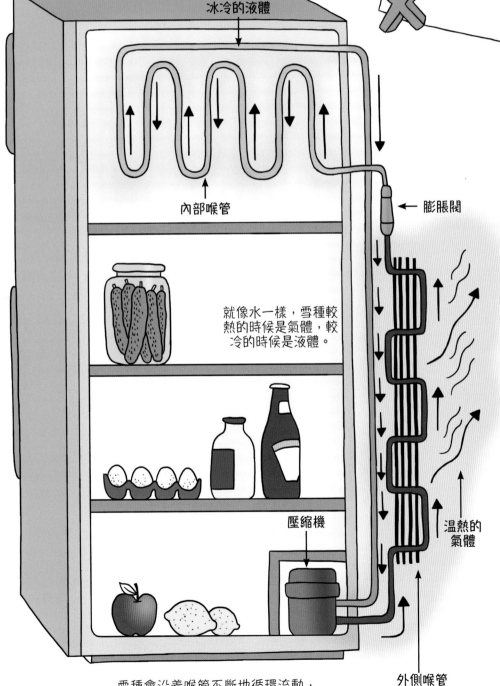

冰冷的液體

內部喉管

就像水一樣，雪種較熱的時候是氣體，較冷的時候是液體。

膨脹閥

壓縮機

溫熱的氣體

外側喉管

雪種會沿着喉管不斷地循環流動，吸收雪櫃內部的熱力，並把熱力帶到雪櫃外面。

1

雪櫃裏有一個壓縮機，能把稱為雪種（一種製冷劑）的氣體壓縮進很細小的空間內。這會令雪種變熱。

2

變熱了的雪種會流進雪櫃外側的喉管裏。當雪種流動時，它會被周圍的空氣冷卻，變成液體。

3

這些液體會穿過膨脹閥，那是一個開口，能讓液體分散開來，使液體變得更冷。

4

變冷的液體流進雪櫃內部的喉管。這些液體會吸收雪櫃裏的熱力，令空氣變冷。

5

當液體在喉管內流動時，它會變暖並變回氣體。這些氣體之後會返回壓縮機，準備再次展開新的循環。

冷氣機

冷氣機是一部能令你的家變成巨型雪櫃的機械。它能把室內的熱力帶走，丟到外面去。這種機械由兩個部分組成，一部分在室內，另一部分在室外。

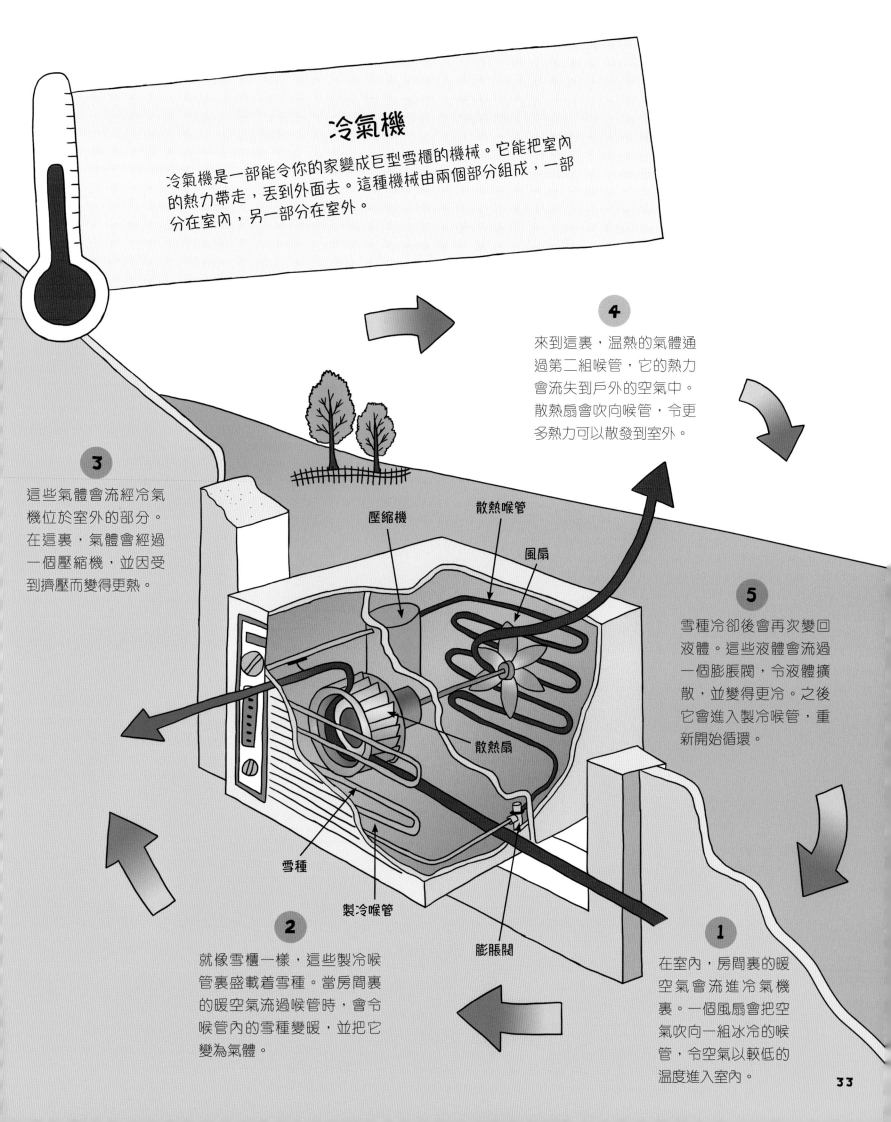

4
來到這裏，溫熱的氣體通過第二組喉管，它的熱力會流失到戶外的空氣中。散熱扇會吹向喉管，令更多熱力可以散發到室外。

3
這些氣體會流經冷氣機位於室外的部分。在這裏，氣體會經過一個壓縮機，並因受到擠壓而變得更熱。

壓縮機

散熱喉管

風扇

5
雪種冷卻後會再次變回液體。這些液體會流過一個膨脹閥，令液體擴散，並變得更冷。之後它會進入製冷喉管，重新開始循環。

散熱扇

雪種

製冷喉管

膨脹閥

2
就像雪櫃一樣，這些製冷喉管裏盛載着雪種。當房間裏的暖空氣流過喉管時，會令喉管內的雪種變暖，並把它變為氣體。

1
在室內，房間裏的暖空氣會流進冷氣機裏。一個風扇會把空氣吹向一組冰冷的喉管，令空氣以較低的溫度進入室內。

為你帶來温暖的機械

沒有任何事情比起留在舒服温暖的家，然後好好享受一頓美味温熱的餐點更幸福了。不過你有沒有停下來想一想，你的家是怎樣保持暖和，而食物又是怎樣煮熱的呢？

暖爐

大部分暖爐或散熱器都是利用熱水來令室內的空氣變暖。暖爐通常會由金屬製成，因為大部分金屬都能輕易地傳播熱力。一部暖爐已經足以令整個房間暖和起來。

暖爐形狀又長又扁，好讓它的表面能接觸更多周邊的空氣。

恆溫器
恆溫器是用來測量温度的機械，它會告訴熱水爐何時開啟和關閉。

喉管　水泵

熱水爐
熱水爐是用來為水加熱的機械。

1

水會在熱水爐中加熱，並透過喉管泵到屋內所有的暖爐中。

2

每個暖爐都有一條喉管，讓水從一側流入，然後從另一側流走。熱水會流遍暖爐，這樣會令暖爐的金屬表面變熱。

3

變熱了的暖爐會加熱周邊的空氣。熱空氣永遠會往上升。當熱空氣上升時，一股較冷的氣流便會流進下方的暖爐。

4

當水流經暖爐的所有部分後，它會冷卻。喉管會把水送回熱水爐，等待重新加熱。

微波爐

太陽會利用稱為輻射的能量波,把熱力傳送到地球,讓我們感到溫暖。不過微波爐也會利用輻射呢!它會向爐裏的美味食物送出能量波,令食物變得熱辣辣。

1

你把湯放進微波爐裏,然後設置好計時器就可以按開始。名叫磁控管的裝置會把電力變成能量波,並把這些電磁波透過一個轉動中的風扇發射出來。

2

電磁波會經過煮食區彈到側面的金屬上,這些金屬會把電磁波反射回來。

風扇

電磁波

磁控管

食物

3

一個旋轉中的盤子會令湯一圈又一圈地轉動,確保電磁波能均勻抵達湯的每個角落。

4

電磁波會令湯裏的所有水分子和其他分子互相摩擦晃動。當分子互相摩擦時,它們便會變熱。叮!你的湯已準備好讓你大快朵頤了。

珀西·斯賓塞
(Percy Spencer,1894-1969)

1940年代,第二次世界大戰進行期間,美國工程師斯賓塞正用雷達工作。雷達是一個利用無線電波找出船艦和飛機位置的系統。有一天,斯賓塞站在一個磁控管旁邊時,他發覺口袋裏的朱古力塊融化了。由此他察覺到來自磁控管的電磁波可以用來烹調食物。斯賓塞在這場幸運的意外後,便發明出世上第一部微波爐。

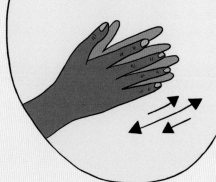

把雙手迅速地互相摩擦,你會覺得雙手變得暖和,就像你的微波爐大餐中的水分子一樣。

為生活增添樂趣的機械

你有想過你最喜歡的玩具其實是怎樣運作的嗎？看看這些有趣的機械背後有什麼科學原理吧。

遙控玩具

今天是你的生日，你得到一輛遙控車作為禮物。遙控車真是太好玩了，讓你樂在其中，不過遙控車到底是怎樣運作的呢？

1

你的遙控車有一個遙控器，上面裝兩個操控桿，一個用來令遙控車轉左或轉右，另一個用來令遙控車往前或退後。遙控器上亦有一根天線。當你按下操控桿，遙控器裏面的兩根電線便會被推在一起。

天線

2

電路會藉此變得完整，令電路產生電子信號。遙控器裏的發射器會截取這信號，把它轉化成無線電波。接着天線會以每秒數千次的速度向遙控車發出無線電波；無線電波會把行駛方向等資料傳遞給遙控車。

天線

3

遙控車上的天線會接收無線電波，之後會把無線電波傳送到遙控車裏的電路板。

彈跳桿

彈跳桿會運用彈弓儲存的能量。

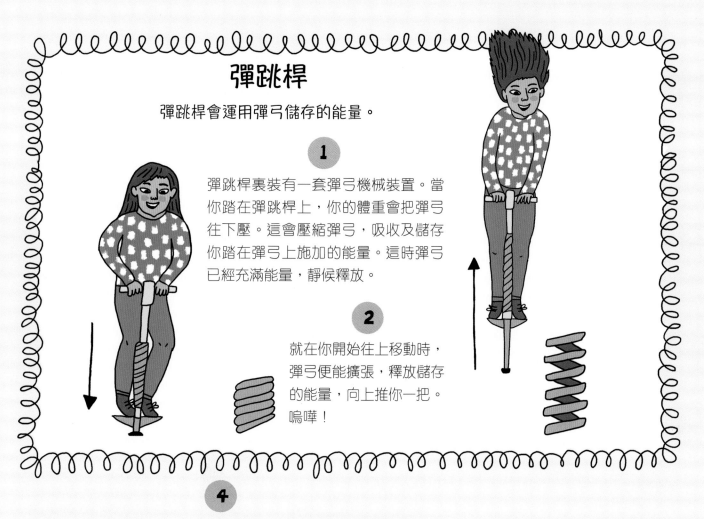

1

彈跳桿裏裝有一套彈弓機械裝置。當你踏在彈跳桿上,你的體重會把彈弓往下壓。這會壓縮彈弓,吸收及儲存你踏在彈弓上施加的能量。這時彈弓已經充滿能量,靜候釋放。

2

就在你開始往上移動時,彈弓便能擴張,釋放儲存的能量,向上推你一把。嗚嘩!

4

電路板上的微型晶片是一部迷你電腦,會辨識無線電波的規律,找出你的指示。微型晶片之後會從遙控車的電池向正確的摩打發出電荷。遙控車一般有兩個摩打:一個摩打能令前輪向左或向右轉,另一個摩打負責控制後輪向前或向後轉動。是時候帶熊寶寶去兜兜風啦!

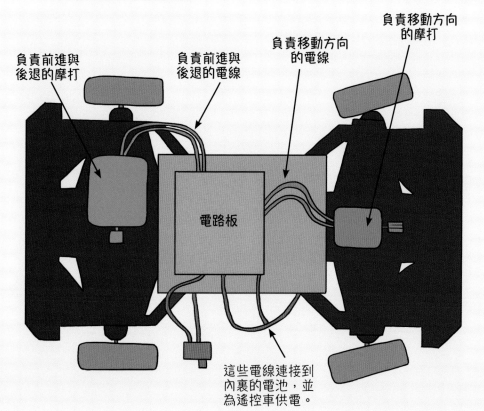

負責前進與後退的摩打

負責前進與後退的電線

負責移動方向的電線

負責移動方向的摩打

電路板

這些電線連接到內裏的電池,並為遙控車供電。

電池運作的原理

電池有兩端:一端是正極,以符號「+」標示;另一端是負極,以符號「-」標示。在負極,稱為電子的微細粒子會聚集在一起。這些電子會嘗試移動到正極去,不過它們無法穿過電池內部前進。所以當你用電線連接電池的兩端時,就會形成電路,電子便能流經電路前往正極。電子流動時會產生電力,能夠驅動摩打或其他電子裝置。

能夠保障安全的機械

最重要的機械之一，就是那些能保障我們安全的機械。警報器能警告我們有危險，而鎖與鑰匙能保護我們和家居的安全，免受損害。究竟這些日常生活中的救星是怎樣運作的呢？

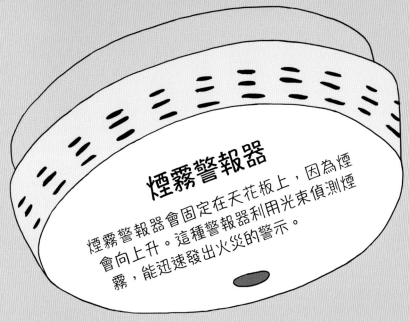

煙霧警報器

煙霧警報器會固定在天花板上，因為煙會向上升。這種警報器利用光束偵測煙霧，能迅速發出火災的警示。

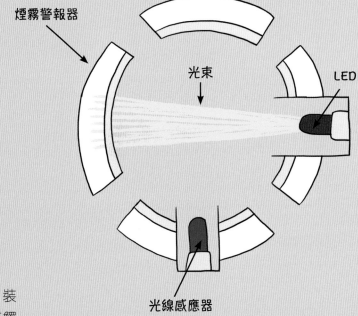

煙霧警報器

光束

LED

光線感應器

在煙霧警報器裏，有一個發光二極管（英文簡稱LED）裝置，能每10秒產生一束光。光束會沿直線前進，不會接觸到光線感應器。

如果室內有煙霧，例如你的早餐燒焦了，煙霧便會升起，並透過煙霧警報器側面的開口進入警報器。

當煙霧進入警報器時，光束會因而分散。部分光線便會被折射並抵達煙霧感應器。

光線感應器會向電路發出信號。電力會在電路中流動，令警報器響起來。

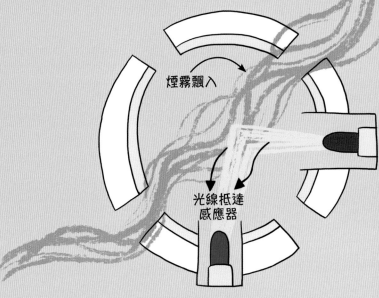

煙霧飄入

光線抵達感應器

門鎖

把正確的鑰匙插進鎖裏轉動，鎖便會打開；使用錯誤的鑰匙時，鎖絕對不會讓步！其中一種最常見的鎖，就是彈子鎖。這種鎖常會用於正門或鎖扣中。要打開彈子鎖，你只需要轉動鎖芯就可以，但那並不像聽起來那樣簡單！我們來看看吧。

1

在鎖芯裏有兩組長度不一的彈子。紅色彈子位於藍色彈子上方。彈弓會把紅色彈子往下壓進鎖芯中固定，好讓鎖芯不會轉動。

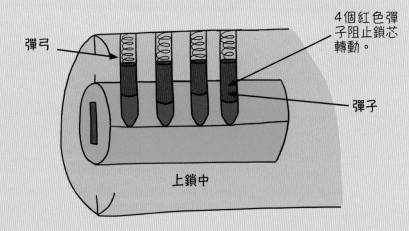

彈弓

4個紅色彈子阻止鎖芯轉動。

彈子

上鎖中

2

要轉動鎖芯，我們會使用鑰匙。正確的鑰匙有突起的鋸齒，長度剛好能夠把紅色彈子推起至離開鎖芯。

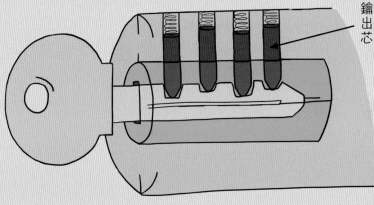

鑰匙把彈子推出鎖芯，讓鎖芯能轉動。

我們使用門鎖已有相當長的歷史。古埃及人大約在6,000年前已製作出最原始的鎖！

3

現在沒有任何彈子阻礙鎖芯轉動。鑰匙能轉動鎖芯，令它把鎖從門上推開，讓門能開啟。

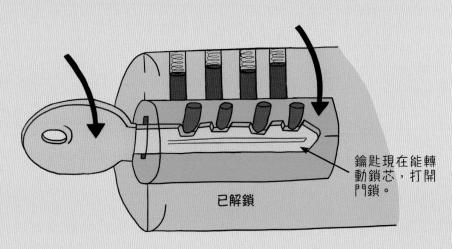

鑰匙現在能轉動鎖芯，打開門鎖。

已解鎖

在高空工作的機械

在建築地盤上看，你會看見各種不同大小的起重機。有的起重機高聳入雲，能幫助我們興建高至大部分房屋更高，並升起巨大的重物。它們是怎樣運作的呢？一起找出答案吧！

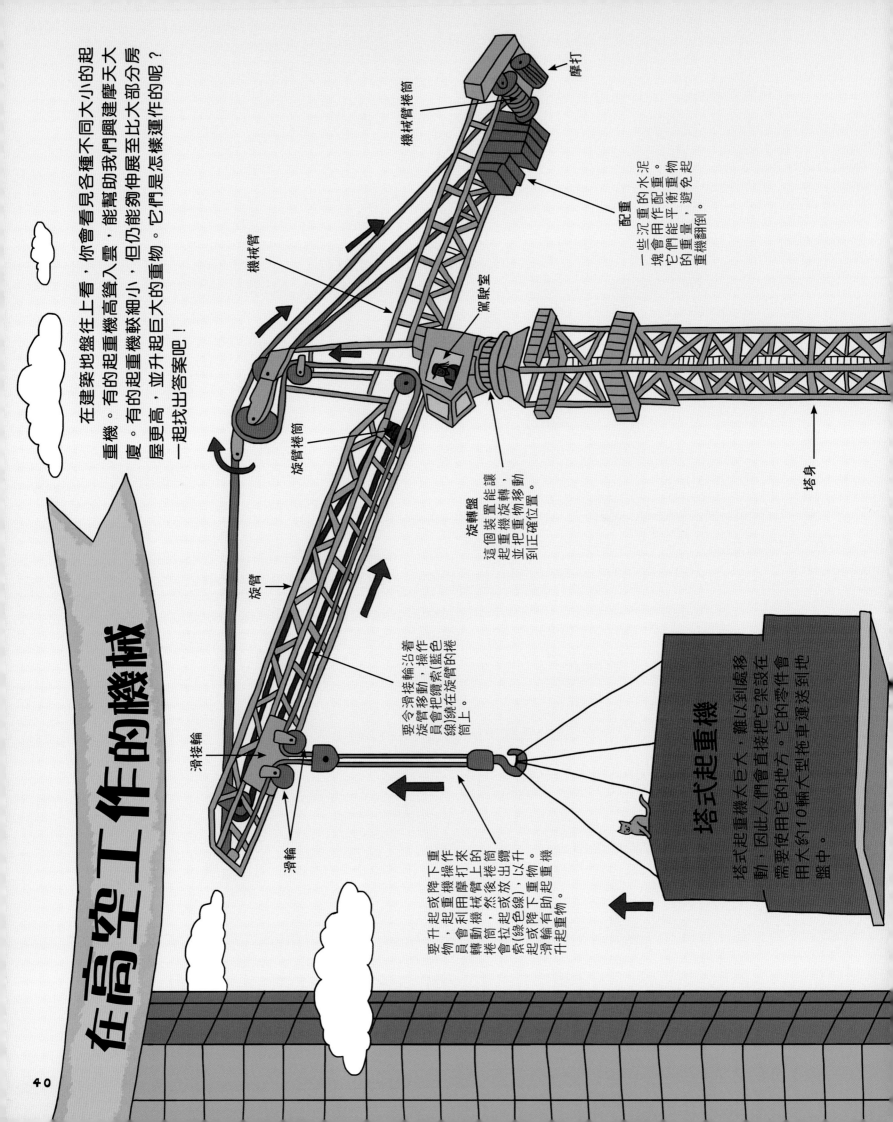

摩打

機械臂捲筒

配重
一些沉重的配重塊會用水泥製成，它們能作平衡重物的重量，避免起重機翻倒。

機械臂

駕駛室

旋臂捲筒

塔身

旋轉盤
這個裝置能讓起重機旋轉，並把重物移動到正確位置。

旋臂

要令滑接輪沿著旋臂移動，操作員會把鑽索(藍色)纏繞在旋臂的捲筒上。

滑接輪

滑輪

要升起或降下重物，起重機利用機械臂上的捲筒轉動，然後放出或拉動起重索(綠色)，以升起或降下重物。滑輪有助起重機升起重物。

塔式起重機

塔式起重機太巨大，難以到處移動，因此人們會直接把它架設在需要使用它的地方。它的零件會用大約10輛大型拖車運送到地盤中。

40

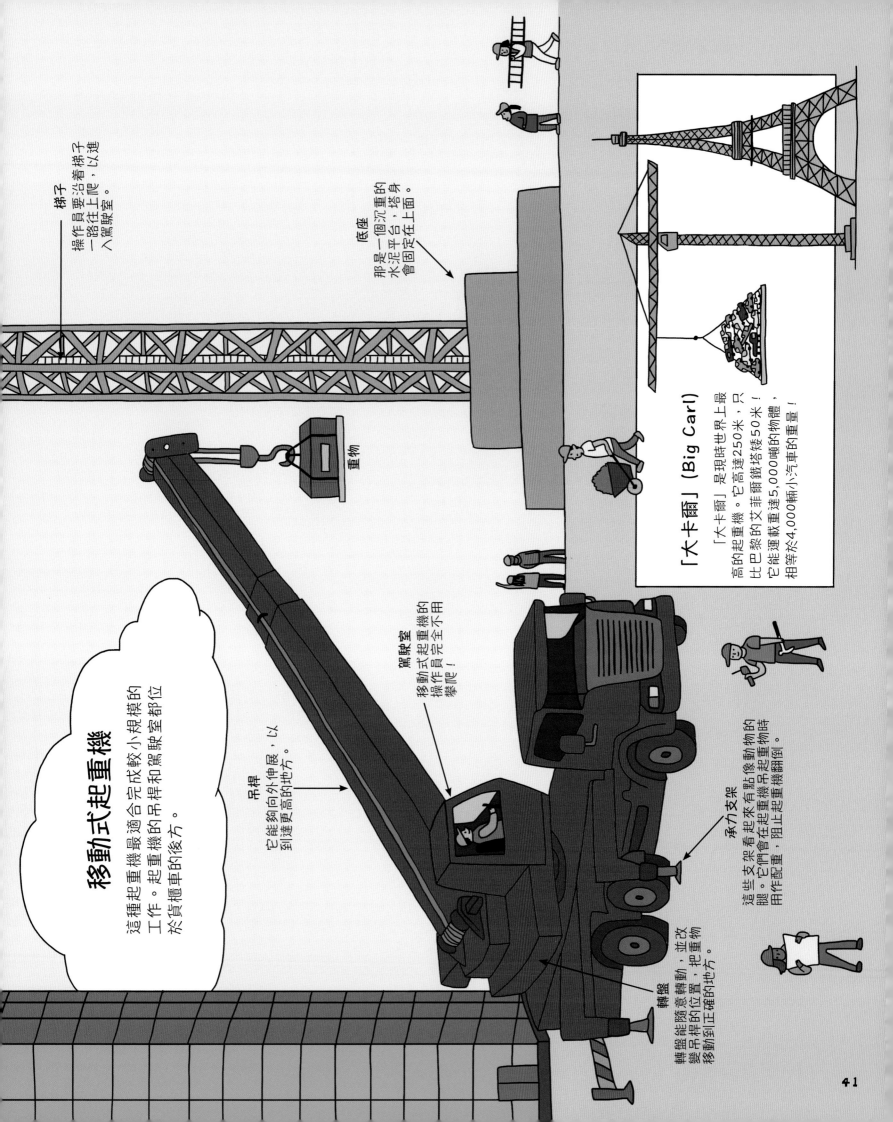

移動式起重機

這種起重機最適合成完較小規模的工作。起重機的吊桿和駕駛室都位於貨櫃車的後方。

梯子
操作員要沿着梯子一路往上爬,以進入駕駛室。

底座
那是一個沉重的水泥平台,塔身會固定在上面。

重物

吊桿
它能夠向外伸展,以到達更高的地方。

駕駛室
移動式起重機的操作員完全不用攀爬!

轉盤
轉盤能隨意轉動,把重物移動到正確的位置。轉盤轉動,並改變吊桿的位置的地方。

承力支架
這些支架看起來有點像動物的腿。它們會在起重機吊重物時用作配重,阻止起重機翻倒。

「大卡爾」(Big Carl)

「大卡爾」是現時世界上最高的起重機。它高達250米,只比巴黎的艾菲爾鐵塔矮50米!它能運載重達5,000噸的物體,相等於4,000輛小汽車的重量!

世上最巨大的機械

世上有一些名副其實的巨大機械，可是只有少數人曾經見過它們。長度近27公里的大型強子對撞機是其中一部超大型的機械。它隱藏在瑞士地下100米的深處，設置在名為歐洲核子研究組織(英文簡稱CERN)的科學研究機構中。

1

粒子束首先會送到超級質子同步加速器，以提升速度。其後粒子會傳送到對撞器，這是一條巨大、圓形的隧道。在這裏，它們會以相反方向前進。

2

粒子會在磁場引導下前進。這個磁場是由超過1,200塊排列在隧道管壁上的電磁鐵(金屬在電流通過時便會產生磁性)所產生的。每塊電磁鐵長15米，重達31噸！

3

粒子以接近光速互相碰撞。每秒鐘可發生多達10億次碰撞！當粒子碰撞時，它們會分裂成更細小的粒子，稱為次原子粒子。

4

這些碰撞會在隧道內4個不同的位置發生。感應器會蒐集數據，並將之傳送給地面實驗大樓內的電腦及科學家。科學家接着會運用這些數據嘗試破解一些科學謎團。有些科學家正搜尋特定的粒子，或是新的粒子；有些則嘗試進一步了解宇宙大爆炸。

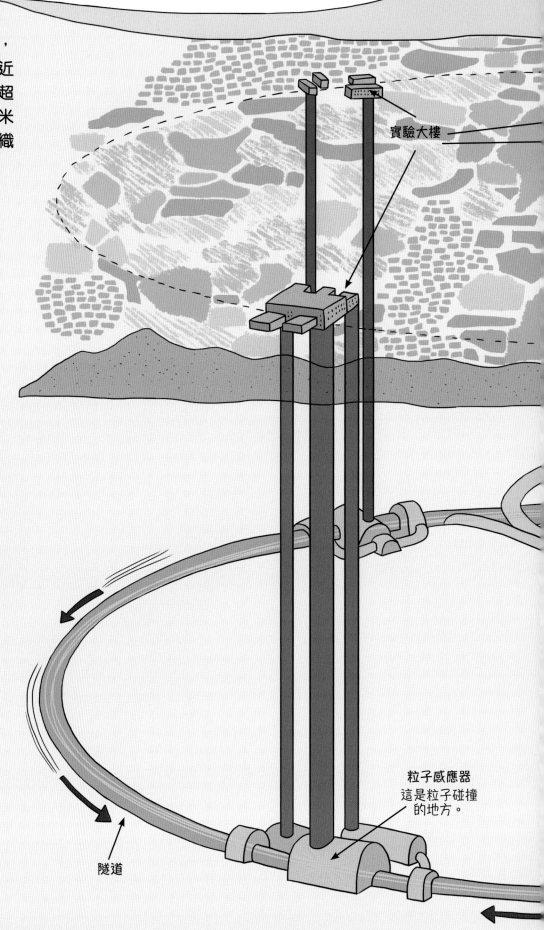

實驗大樓

粒子感應器
這是粒子碰撞的地方。

隧道

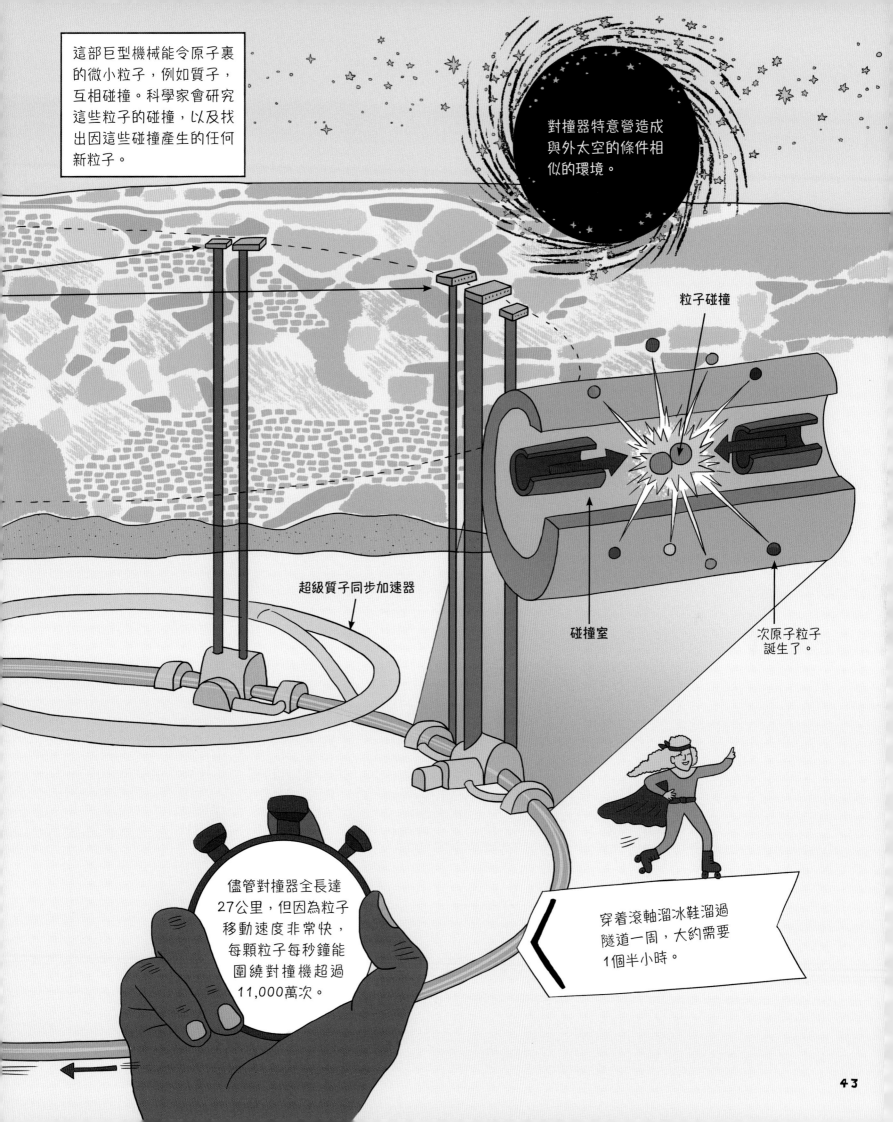

這部巨型機械能令原子裏的微小粒子，例如質子，互相碰撞。科學家會研究這些粒子的碰撞，以及找出因這些碰撞產生的任何新粒子。

對撞器特意營造成與外太空的條件相似的環境。

粒子碰撞

超級質子同步加速器

碰撞室

次原子粒子誕生了。

儘管對撞器全長達27公里，但因為粒子移動速度非常快，每顆粒子每秒鐘能圍繞對撞機超過11,000萬次。

穿着滾軸溜冰鞋溜過隧道一周，大約需要1個半小時。

完成複雜工作的機械

在故事書裏，機械人往往被描繪成行動和人類有點相似，而且超級聰明的物體。而在現實生活中，機械人的確是一些能夠完成複雜工作的機械。

人造衛星

地球

火星車

火星

火星車

我們也許還未能夠把人類送到火星上，不過我們仍知道許多關於火星的事情。神奇的火星車絕對是功不可沒！那麼科學家是怎樣從距離火星大約2.25億公里外的地球，控制這些機械呢？

火星車甚至擁有雷射裝置，讓它能炸開岩石，然後找出岩石是由什麼物質構成。

攝影機會拍攝火星的照片，再傳送回地球。

火星車上的迷你實驗室會檢測樣本。

1

美國太空總署(英文簡稱NASA，發明及擁有火星車的太空研究機構)會利用人造衛星向火星車發送指令。地球上的天線會向圍繞火星運轉的人造衛星發出信號，人造衛星接着向火星車發出信號。

2

火星車的天線接收指令，指令會告訴火星車要走到哪裏，以及要做哪些實驗。

3

火星車接着會執行指令，蒐集所有資訊。之後，它會把數據利用人造衛星信號送回地球。

強韌的車輪能幫助火星車在火星顛簸的表面行駛。

火星車運用其機械臂蒐集岩石樣本。

製造機械的機械

每年，機械人幫助我們生產的汽車達數百萬輛。機械人能夠一次又一次做相同的工作，從不會感到疲倦，而且也從不投訴！

在汽車工廠裏，汽車會沿着生產線移動，過程中不同的機械人會執行不同的任務。

這條機械臂長而纖幼，能夠到處旋轉。它會透過噴嘴為汽車噴上油漆。

這條機械臂的末端擁有吸盤，機械人會先找出正確的位置，並拿起擋風玻璃。接着機械人會把擋風玻璃安裝在汽車上。

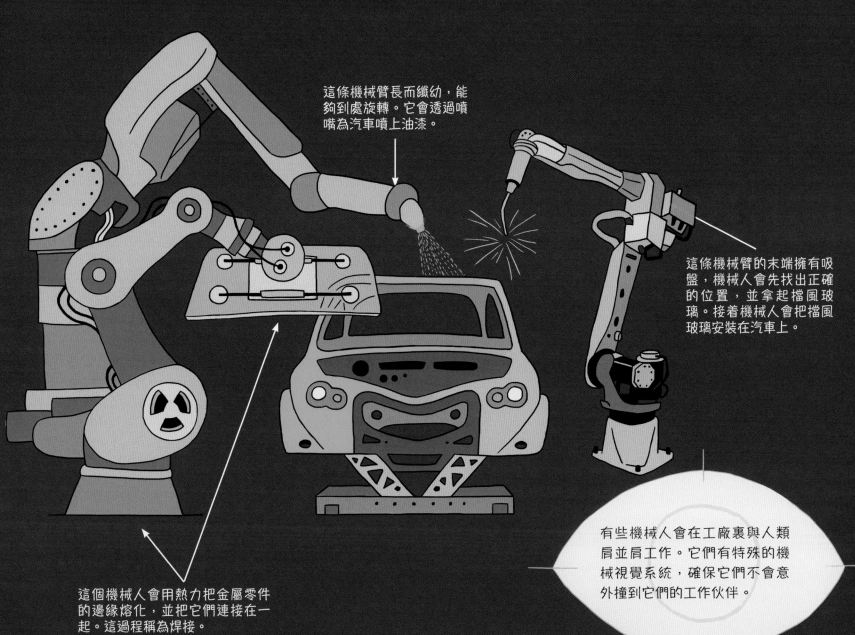

這個機械人會用熱力把金屬零件的邊緣熔化，並把它們連接在一起。這過程稱為焊接。

有些機械人會在工廠裏與人類肩並肩工作。它們有特殊的機械視覺系統，確保它們不會意外撞到它們的工作伙伴。

詞彙表

天線 antenna
由電線製成的工具，用來接收或發送無線電及電視的信號。

原子 atom
元素存在的最細小部分。元素是只由一種原子組成的物質，例如碳。

車軸 axle
一根固定在車輪中央的棒。

電路 circuit
電線與其他部件組成的回路，可讓電流通過。

電路板 circuit board
在電器中固定電路的膠板。

碰撞 collision
指兩件物體撞向對方。

燃燒 combustion
物體氧化而產生光和熱的化學反應。

壓縮器 compressor
能壓縮空氣或其他氣體的機械。

導電體 conductor
能讓電力通過的物質。

配重 counterweight
起重機上的裝置，其重量等於起重機另一端的重量，讓起重機保持平衡。

電流 current
即流動的電力。

圓柱體 cylinder
兩端為圓形，側面呈直線的物體。

數碼 digital
信息會以1和0顯示的信息收發系統——電腦便是這樣運作。

力 force
指推或拉的動作，能令物件移動，改變物件移動方向或物件的形狀。假設你踢了一個球，來自你的腳的力會令球往上飛。當風吹動時，風的力會令風力發電機的扇葉一圈又一圈地轉動。

摩擦力 friction
一件物件或平面在另一件物件或平面時上移動時產生的力。

支點 fulcrum
槓桿轉動或受支撐時依靠的位置。例如單輪手推車的輪就是支撐車上重物的支點。

排擋 gear
用於改變機械或車輛速度的裝置。

發電機 generator
用於產生電力的機械。

船殼 hull
一艘船的底部，它會浸沒在水中。

激光 laser
能發出強力光束的裝置，這些光束、可用於切割金屬和進行手術。

槓桿 lever
一根放在支點上的長桿或薄板，把其中一端放在物件下，再推下或拉起另一端，便能把物件舉起。

機械能 mechanical energy
機械會用機械能來作功。當你坐上單車，舉起腳，你的腳便獲得位能(儲藏中的能量)。當你用腳壓下腳踏，位能會轉化成動能。車輪會轉動，而單車便會前進。

微型晶片 microchip
在電路板上微小的電腦。電路板會把電器內部的電路組件固定好。

摩打 motor
運用電力或汽油來令機械或車輛運作的裝置。

軌道 orbit
行星或物件圍繞着行星或恆星時依循的彎曲路徑。

粒子 particle
微細的物質，例如光子、電子、質子等。電子和質子是原子的構成部分。

活塞 piston
引擎的一部分。那是位於管道中的一個短短的圓柱體，會上下或前後移動，令引擎的其他部份亦隨之而動。

壓力 pressure
物件壓向其他物件時產生的力或重量。

滑輪 pulley
一個邊緣被繩子圍繞的輪子，可以令物件更容易升起。

無線電波 radio wave
一種低能量的波，用於遠距離通訊。

人造衛星 satellite
一種電子儀器，會被送往太空，並圍繞地球或其他星體運轉。人造衛星可用於透過收音機和電視機傳播信息及提供資訊。

掃描器 scanner
用於記錄或檢查物件，或是觀察人體內部情況的裝置。它需要使用光、聲音或X光。

感應器 sensor
能對光、熱力或壓力產生反應的裝置，以令機械有所行動或顯示某些東西。

軸 shaft
工具或機械中長而窄的部分。

變壓器 transformer
用來減低或增加供電電壓的工具。

振動 vibrate
快速地向兩側搖晃。

電壓 voltage
指電力的多少。

楔子 wedge
一種簡單機械，有較厚的一端和較薄的一端，能夠把物件一分為二。

你的探索
還未結束……

　　雖然你已經把這本書讀完了，不過你的機械探索之旅還未結束！在你的身邊，還有更多大大小小、形形色色的機械，正等你去探索。

　　人類仔細地觀察大自然所發生的一切，然後巧妙地運用物理原理來研發及驅動機械。我們每天完成的每件事物，其實都依靠着各種不同的機械。

　　你可以藉着繼續閱讀有關科學及機械的書本，以及多動手去摸索，探尋機械的細節和運作原理，了解箇中的奧秘，也許有一天，你也可以發明一件造福人類的機械。

延伸閱讀：

《日常事物怎樣來？圖解日常事物的運作》

《我想知！圖解十萬個為什麼》（一套3冊）

《英國權威科學家 解答世界兒童科學100問》

《兒童必讀的STEAM百科》

《兒童必讀的STEAM百科② 生活實踐100例》

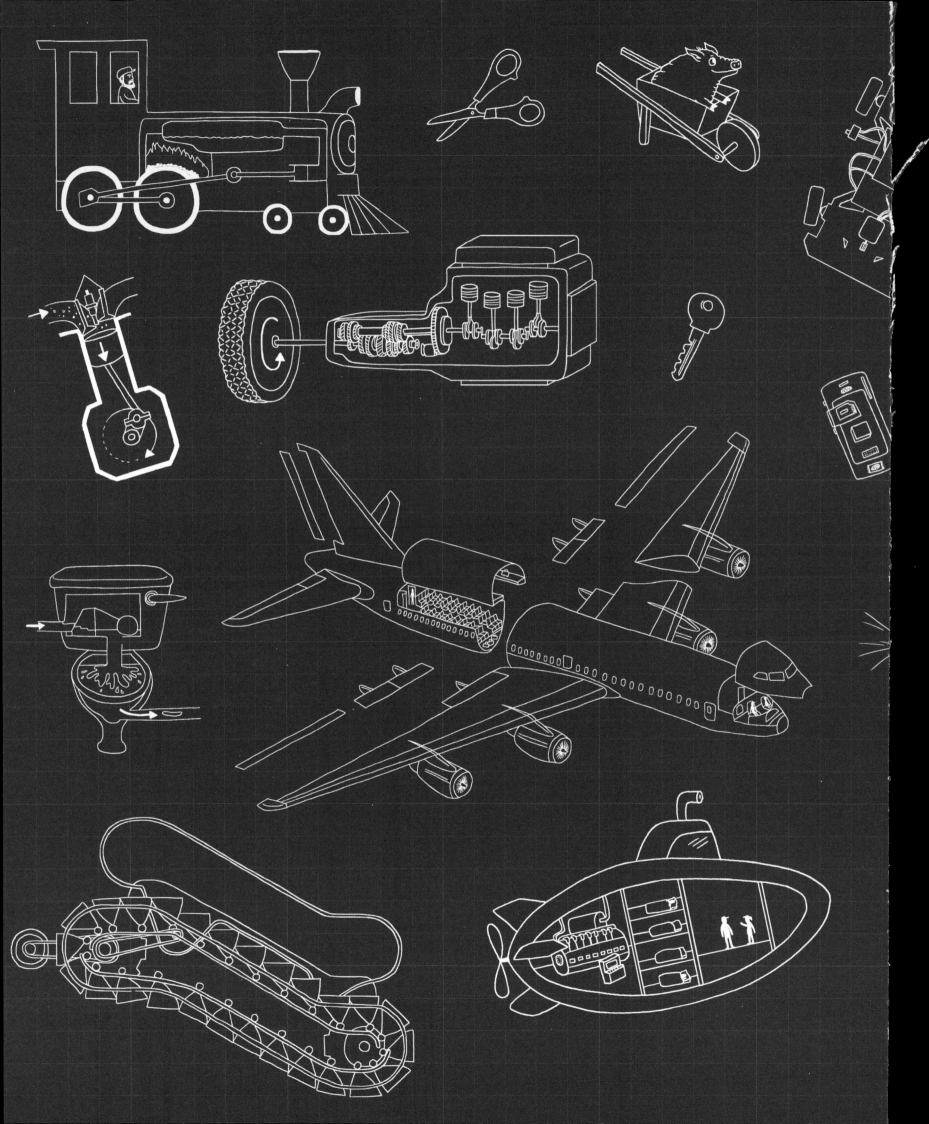